HANGJIA
DAINIXUAN

行家带你选

珊 瑚

姚江波 ／ 著

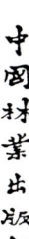

中国林业出版社

图书在版编目 (CIP) 数据

珊瑚／姚江波著．- 北京：中国林业出版社，2019.6
（行家带你选）
ISBN 978-7-5038-9968-3

I.①珊… II.①姚… III.①珊瑚虫纲-鉴定 IV.① TS933.23

中国版本图书馆 CIP 数据核字 (2019) 第 042755 号

策划编辑　徐小英
责任编辑　王　越　徐小英
美术编辑　赵　芳　刘媚娜

出　　版　中国林业出版社(100009 北京西城区刘海胡同7号）
　　　　　http://www.forestry.gov.cn/lycb.html
　　　　　E-mail:forestbook@163.com 电话：(010)83143515
发　　行　中国林业出版社
设计制作　北京捷艺轩彩印制版技术有限公司
印　　刷　北京中科印刷有限公司
版　　次　2019 年 6 月第 1 版
印　　次　2019 年 6 月第 1 次
开　　本　185mm×245mm
字　　数　161 千字（插图约 360 幅）
印　　张　9.5
定　　价　65.00 元

白珊瑚海蘑菇摆件

925 银链莫莫红珊瑚吊坠

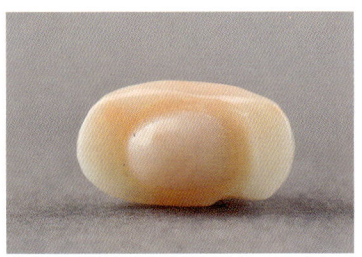
莫莫红珊瑚元宝

莫莫红珊瑚筒珠

◎ 前 言

　　珊瑚来自海洋，是一种有机宝石，由珊瑚虫所分泌出的石灰质所形成，以红色珊瑚为最美。珊瑚形制多样，蘑菇形、鹿角形、鞭形、盘子形、笙状、柱形、蜂窝形、火焰形、圆块形、树枝形、花朵形、扇子形等都有见，流光溢彩，分外美丽。珊瑚喜欢生长在温暖的海洋环境之中，中国、日本、阿尔及利亚、突尼斯、摩洛哥、意大利等都出产优质的珊瑚，中国台湾出产的红珊瑚数量居世界第一。优质珊瑚的硬度可以达到莫氏硬度4，可雕可琢，在种类上可以分为阿卡、莫莫、沙丁三个层次。色彩变幻莫测，如仅阿卡红珊瑚中的红色，在色彩上就有橘红、朱红、正红、深红、黑红、粉红、橘粉等，以深色为重，色深者为优，反之则低。莫莫和沙丁也是色彩种类众多，色差明显。实际上，在中国人们对珊瑚并不陌生，汉代就常见。《后汉书》云："大秦一名犁鞬，在西海之西，东西南北各数千里。有城四百余所。土多金银奇宝，有夜光璧、明月珠、骇鸡犀、火浣布、珊瑚、琥珀、琉璃、琅玕、朱丹、青碧，珍怪之物，率出大秦。"魏晋之时成为石崇斗富的珍宝，一时间帝王将相，王公贵胄纷纷加入，珊瑚成为极致财富的象征。这一趋势唐宋以降，直至明清，特别是明清时期宫廷内都建立了专门的珊瑚库，以备使用，兼作赏赐。如《清史稿·舆服二》皇子亲王福晋以下冠服条载："男夫人朝冠，顶镂花金座，中饰红宝石一，上衔镂花红珊瑚。"可见红珊瑚相对坚硬、极致的红色，来自深海的稀缺性等固有特性，决定了珊瑚在中国古代异常贵重，同时也是珠宝发展的必然选择。当代珊瑚由于打捞技术的提高，人们可以下到海底采摘珊瑚，这与古代用小船将铁网放入海底打捞珊瑚在技术上不知提高

莫莫红珊瑚仿生动物雕件

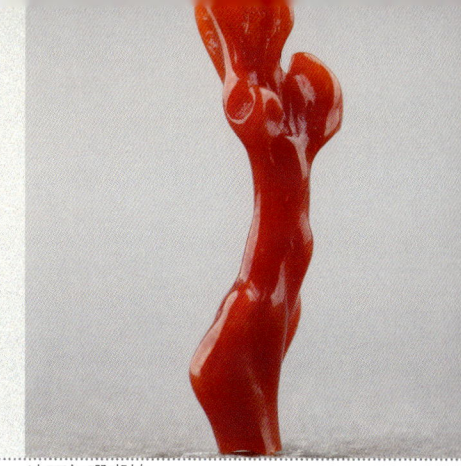

沙丁红珊瑚枝

了多少倍。当代珊瑚种类繁多，是一个完整的色彩体系，不仅仅是红色，而且白色、蓝色、黑色、金黄色、黄褐色、橙色、紫色等都有见，犹如灿烂星河，群星璀璨。但也有相当多色彩的珊瑚没有大规模地流行，主要是由于数量少，只是在历史上"昙花一现"。如蓝色和紫色的珊瑚等就是这样，并不被人们所熟悉，只是在当代有见，古代很少见。相对来讲，红色珊瑚流行最广，几乎贯穿了整个中国古代史的全过程，成为宫廷和老百姓在市井之上津津乐道的谈资。

中国古代珊瑚虽然离我们远去，但人们对它的记忆是深刻的，这一点反应在收藏市场之上。在收藏市场上，历代珊瑚受到了了人们的热捧，特别是明清珊瑚制品在市场上数量较多，高古珊瑚在市场上都有交易。由于中国古代珊瑚是人们日常生活当中真正在使用着的贵重珠宝，特别是上流社会对其趋之如鹜，因此中国古代珊瑚承载着众多的历史信息，具有很高的研究和艺术价值。从客观上讲，收藏到古代红珊瑚具有较高的保值和升值潜力。当代珊瑚受到资源枯竭等各个方面因素的影响，市场上优者也是"一件万钱"，极其贵重。但由于珊瑚通常造型简单，特别是珊瑚枝，作伪技术含量较低，这也注定了各种各样伪的古珊瑚频出，成为市场上的鸡肋。高仿品与低仿品同在，鱼龙混杂，真伪难辨，珊瑚的鉴定成为一大难题。而本书从文物鉴定角度出发，力求将错综复杂的问题简单化，以重量、厚薄、打磨、工艺、色彩、质地、造型、纹饰、尺寸等鉴定要素为切入点，具体而细微地指导收藏爱好者由一件珊瑚的细部去鉴别珊瑚之真假、评估珊瑚之价值，力求做到使藏友读后由外行变成内行，真正领悟收藏，从收藏中受益。以上是本书所要坚持的，但一种信念再强烈，也不免会有缺陷，不妥之处，希望大家给予无私的批评和帮助。

姚江波

2019 年 5 月

◎ 目 录

莫莫红珊瑚摆件

莫莫红珊瑚粉枝

莫莫红珊瑚随形珠

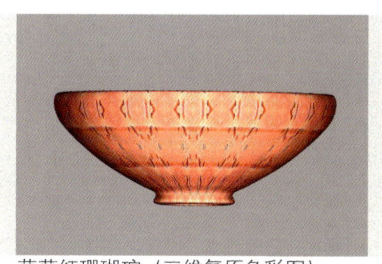

莫莫红珊瑚碗（三维复原色彩图）

莫莫红珊瑚摆件

莫莫红珊瑚鸡心吊坠

红珊瑚阿卡枝

第一章　质地鉴定

莫莫红珊瑚元宝

第一节 概 述

一、概 念

珊瑚的概念比较清晰，是一种有机宝石，由珊瑚虫的骨骼组成。珊瑚虫是一种圆筒状的腔肠动物，为无脊椎的低等动物。主要食物为海洋中的浮游生物，这些浮游生物在海洋中到处都是。珊瑚虫一端固定在已形成的珊瑚上；另外一端有口腔，口部有一圈或多圈触手，触手上面有刺细胞，可以捕捉食物。而珊瑚就是由珊瑚虫所分泌出的石灰质骨骼所形成的。

莫莫红珊瑚珠横截面标本

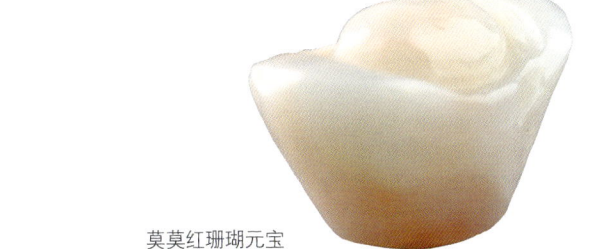

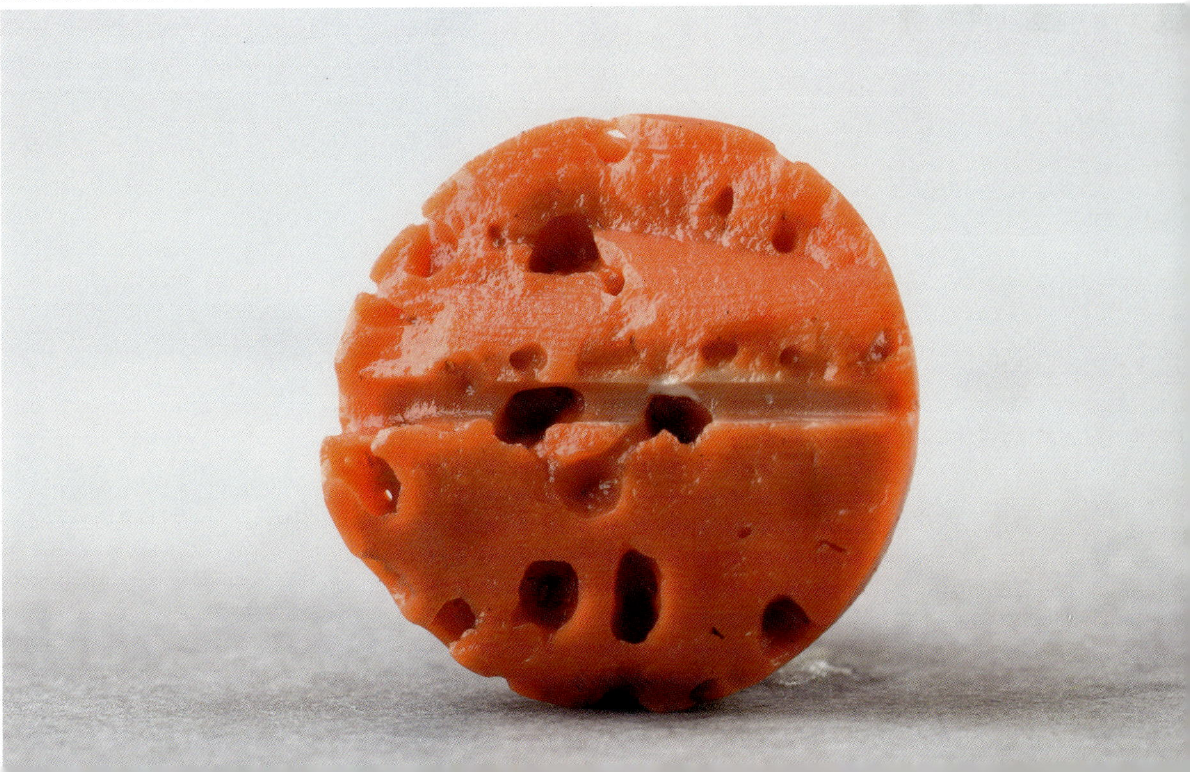

925 银莫莫红珊瑚粉色雕花耳钉

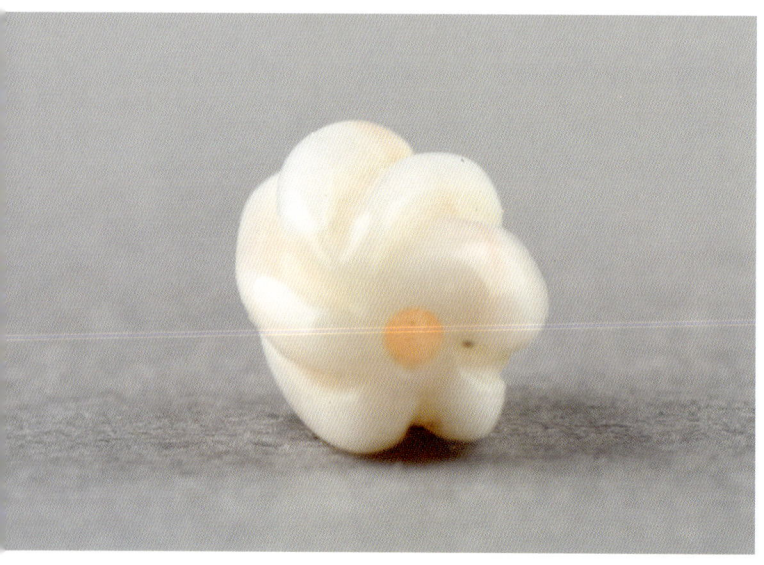

莫莫红珊瑚粉色南瓜形串珠

莫莫红珊瑚粉色南瓜形串珠

二、种　类

珊瑚在种类特征上较为复杂。从物种的角度来看，有几百种珊瑚虫的种类，但是从宏观上看，可以分为造礁珊瑚和非造礁珊瑚两类。造礁珊瑚多生活在浅海，由众多的珊瑚虫分泌物连接而成。它们的骨骼连接在一起，客观上形成了一个共同的"基盘"，久之可以形成巨大的珊瑚礁石，甚至是珊瑚岛。造礁珊瑚通常生活在浅海当中，但目前造礁珊瑚类生存状态并不乐观，往往由于环境的污染而濒危灭亡。非造礁珊瑚生活在深海之中，生长得非常慢不形成礁体，如著名的红珊瑚等，鉴定时应注意分辨。

莫莫红珊瑚观音

三、形　状

珊瑚的形状各不相同，主要以种类区分，不同种类的珊瑚造型区分很大，如蘑菇形、鹿角形、鞭形、盘子形、笙状、柱形、蜂窝形、火焰形、圆块形、树枝形、花朵形、扇子形等。不过，总体来看珠宝类的珊瑚以枝杈形较为常见，如同树枝一般，枝格交错，分外美丽。另外，由于珊瑚是自然之物，因此对于未制作的珊瑚来讲，珊瑚在形状上"无双"。世界上没有完全相同的珊瑚，哪怕是形状很接近，但是绝不相同，如果完全相同，那只有一个解释：是伪器，是用模具制作的。鉴定时应注意分辨。

莫莫红珊瑚寿星

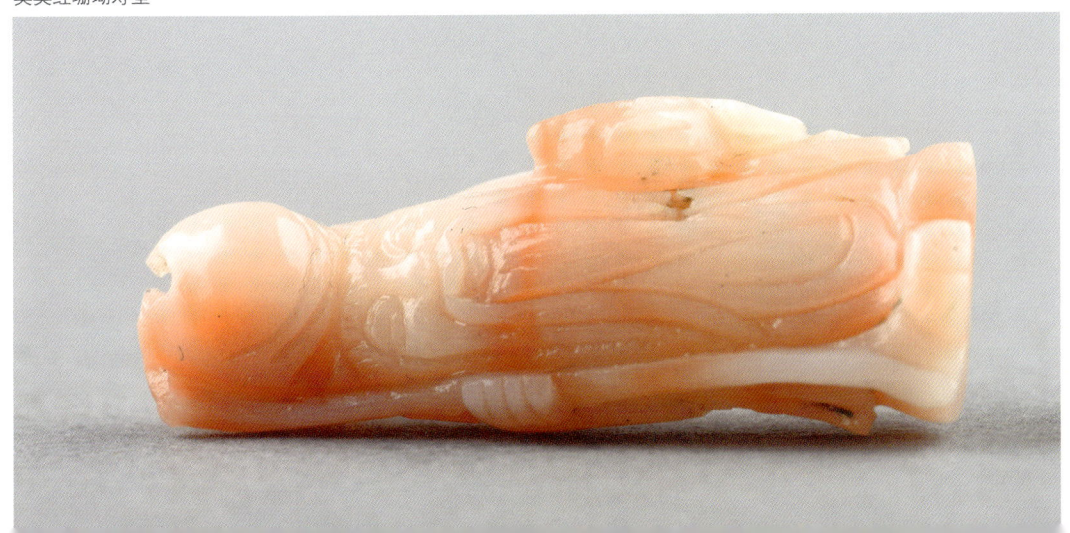

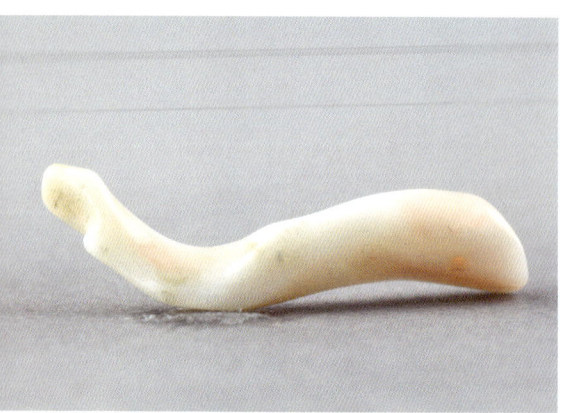
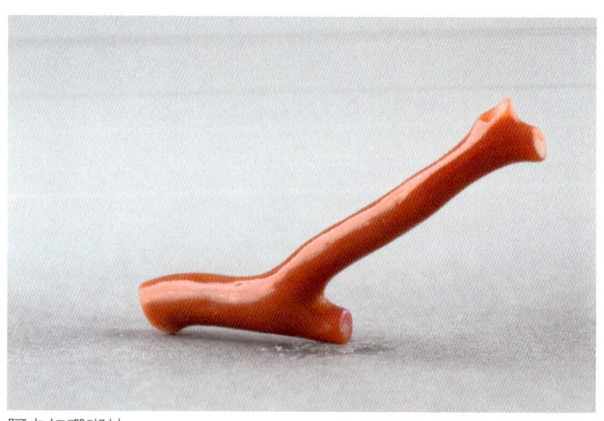

莫莫红珊瑚粉枝（三维复原色彩图）　　阿卡红珊瑚枝

四、产　地

　　珊瑚在产地特征上比较明晰，产于温暖的海洋之中。基本上在赤道和近赤道的海域都会有珊瑚产生，有浅海珊瑚和深海珊瑚两种生活环境。印度洋、太平洋、大西洋等浅海区都有众多的珊瑚生长。中国、日本、阿尔及利亚、突尼斯、摩洛哥、意大利等都有较好的珊瑚产出。特别是中国台湾所产的红珊瑚无论在数量还是质量上均居世界第一。鉴定时应注意分辨。

莫莫红珊瑚执壶（三维复原色彩图）

莫莫红珊瑚执壶（三维复原色彩图）

五、碳酸钙型

　　碳酸钙型的珊瑚最为常见，主要是由 $CaCO_3$ 组成，含有少量有机物，常见有红、粉、橙、白、蓝等宝石级的珊瑚，但蓝色珊瑚数量很少，目前已濒危灭绝。碳酸钙型的珊瑚一般都会有平行条带，呈现出的是放射状，切开横截面上有孔洞，鉴定时应注意分辨。

六、角质型

　　角质型的珊瑚也是十分常见，主要以黑珊瑚为主，其次，金珊瑚也比较常见。金色偏褐的情况也有见。其莫氏硬度可以达到4，没有碳酸钙型所表现出的放射状和孔洞等特征，而是在横截面上呈现出同心圆、或者可以说是类似年轮状的特征，这是其环绕原生支管轴的结构，鉴定时应注意分辨。

莫莫红珊瑚吊坠　　　　　　　　　　　　　莫莫红珊瑚珠

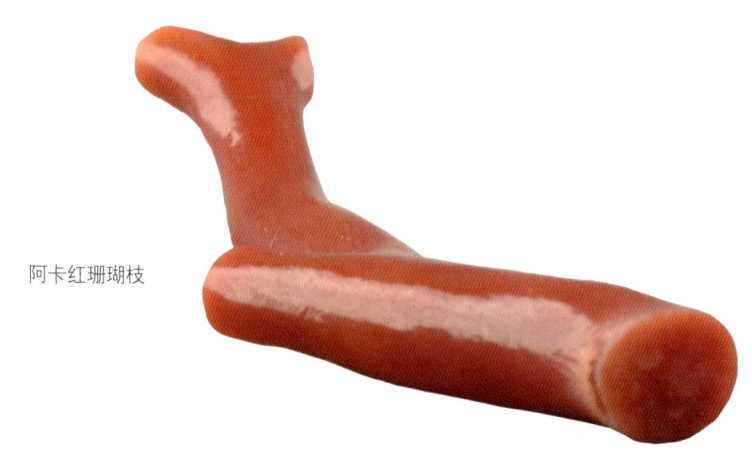

阿卡红珊瑚枝

第二节 质地鉴定

一、硬 度

珊瑚在硬度特征上比较明确。硬度反应了珊瑚抵抗外来机械作用的能力，如雕刻、打磨等，是自身固有的特征。珊瑚的莫氏硬度约为3.5～4.0之间，可见硬度并不高，在珠宝中属于比较软的。硬度是珊瑚鉴定的重要标准。因为珊瑚的种类很多，但判断是否已成为有机宝石，检测其硬度这一固定数值就可以了。鉴定时应注意分辨。

二、比 重

珊瑚在比重数值上也是比较明确，都是相对固定化的数值，但是有一定的复杂性，区间比较大。通常，珊瑚的比重约为1.37～2.69。一般情况下，角质型珊瑚的比重比较低，如黑珊瑚的比重就是1.37；而碳酸盐类的比重数值较高，可以达到2.6～2.7，我们在鉴定时应注意分辨。

莫莫红珊瑚仿生动物雕件

莫莫红珊瑚标本

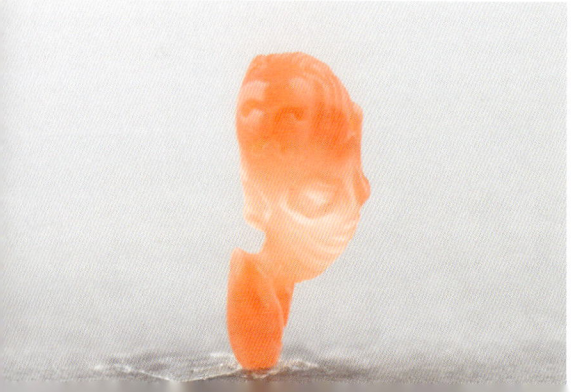

阿卡红珊瑚枝

三、折射率

折射率是光通过空气的传播速度和光在珊瑚中的传播速度之比。由于珊瑚品种复杂，所以不同种类的珊瑚在折射率上也有不同之处。碳酸钙型折射率约为 1.486～1.66，多为 1.65；角质珊瑚的折射率一般为 1.56。这些数值都近乎固定，也是珊瑚鉴定中重要的参数。我们在鉴定时与其进行对比显然就可以洞穿真伪。

莫莫红珊瑚筒珠

莫莫红珊瑚动物雕件

白珊瑚摆件

莫莫红珊瑚筒珠

四、浅海珊瑚

浅海珊瑚最为常见，以造礁珊瑚为多见。浅海珊瑚通常情况下硬度比较低，只有 2.5 左右，结构疏松，基本上无法进行雕琢，多是作为一些摆件出现。由于很多，与珠宝无缘，目前市场上有见，但主要是在奇石店里出现，价值不高。不过常用来作为仿制珊瑚的原材料，鉴定时应注意分辨。

五、深海珊瑚

深海珊瑚在数量上不及浅海珊瑚，但深海珊瑚价值比较高。它的硬度可以达到 4，这样的硬度可雕可琢，如粉红、桃红、白色等珊瑚品种，非常致密，为有机宝石的一种，鉴定时应注意分辨。

莫莫红珊瑚执壶（三维复原色彩图）

六、化学法

　　珊瑚的鉴定方法很多，化学法是其中很重要的一种。用化学法鉴定珊瑚，一般情况下需用稀配比的盐酸。在碳酸钙型的珊瑚之上试验，一旦碳酸钙遇到盐酸，必然会产生大量的气泡，则证明为真，反之则为假。但这种方法对于角质型的珊瑚不起作用，因为角质型的珊瑚遇到盐酸不反应。但是这种方法在操作时并不是直接拿盐酸滴在珊瑚上试验。通常是取样检测，刷下一点粉末，用盐酸进行滴检，通常需要用放大镜进行观测。

莫莫红珊瑚元宝

莫莫红珊瑚吊坠

七、气泡法

气泡法是珊瑚鉴定当中常用的一种。因为真正的珊瑚体内是没有气泡的，有气泡的珊瑚多是料质的，如玻璃等都常见。所以，如果发现珊瑚体内有气泡，立刻判断为伪器。这种检测可以判断出大多数的珊瑚低仿品。

八、痕迹法

在珊瑚的检测中，痕迹法经常使用。我们见到一件珊瑚制品应该仔细地观察表面有无模制的痕迹，通常用塑料仿造的珊瑚由于是模具合成，所以或多或少地会留下模具的痕迹，再结合珊瑚的其他特征，我们就可以判断出被鉴定珊瑚的真伪。如果明显发现模具制造的痕迹，直接判定为伪器就可以了。

加色仿老珊瑚碗（三维复原色彩图）

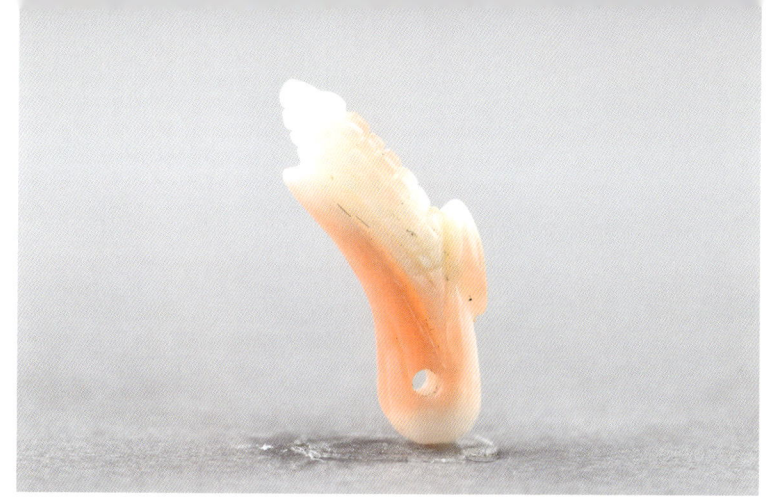

莫莫红珊瑚玉米穗挂件

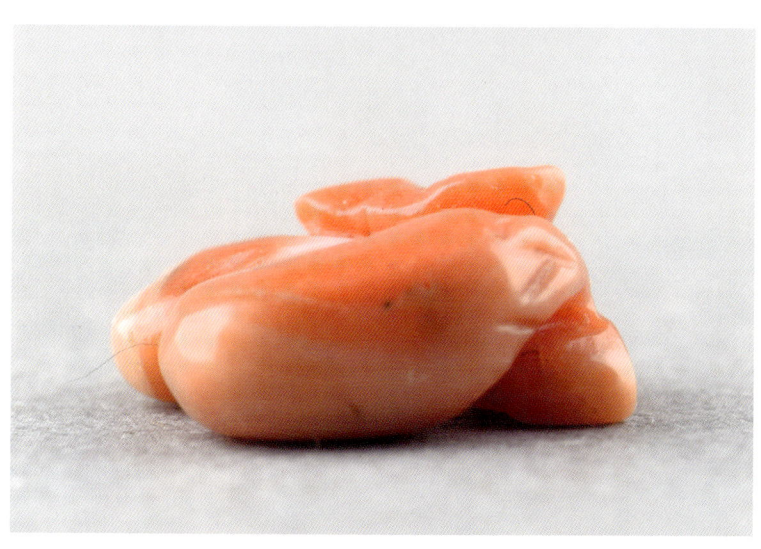

莫莫红珊瑚仿生动物雕件

莫莫红珊瑚雕件

阿卡红珊瑚执壶（三维复原色彩图）

九、阿卡红珊瑚

　　阿卡是红珊瑚中的佼佼者。阿卡 AKA 是日语，翻译过来就是红色的意思，是部分色调红色珊瑚的统称。目前，这种红珊瑚价格炒得比较高，但也的确是很稀少。物以稀为贵，继续升值的可能性也是有的。阿卡红珊瑚中的红色，在色彩变化上也是比较丰富，常见的色彩有，橘红、朱红、正红、深红、黑红、粉红、橘粉等，色彩较为纯正，渐变色彩较为弱化。总之，是以深色为主，颜色越深越优质，反之价值越低。所谓阿卡只是目前市场上较为流行的一种说法，实际上在古代并没有这种分类方法。如《清史稿·舆服二》皇子亲王福晋以下冠服条载："男夫人朝冠，顶镂花金座，中饰红宝石一，上衔镂花红珊瑚。"这种珊瑚在色彩上也是相当的深，看来古人评价珊瑚的方法与当代没有太大区别，也是以深邃的红色为基调。我国的台湾岛也有这样红色的珊瑚，储量还需进一步探明。

阿卡红珊瑚枝

阿卡红珊瑚枝

阿卡红珊瑚枝

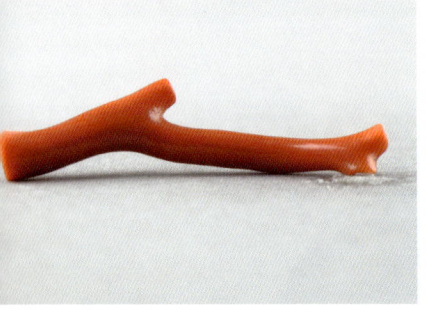
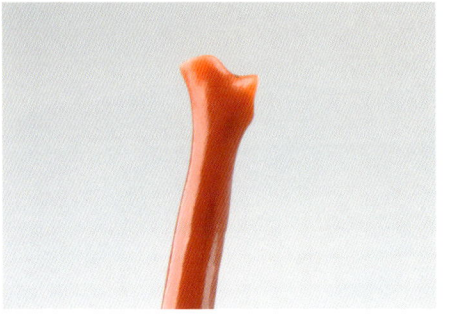
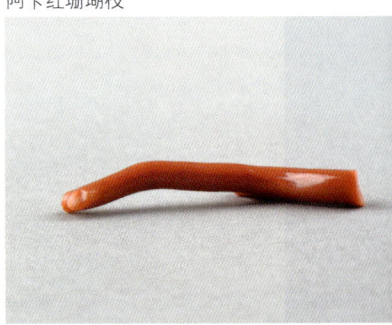

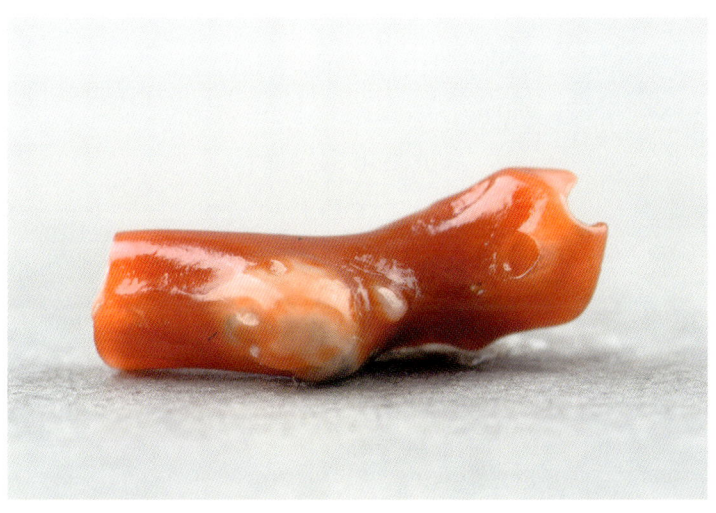

阿卡红珊瑚碗（三维复原色彩图）

阿卡红珊瑚枝

阿卡红珊瑚枝

莫莫红珊瑚吊坠

莫莫红珊瑚花卉雕件

十、莫莫红珊瑚

　　莫莫（MOMO）红珊瑚是比阿卡红珊瑚色彩浅一些的红珊瑚，也是从日语翻译而得名，就是粉色的意思，像桃子一样的粉色。色彩变化也是比较丰富，不仅有像桃子一样的粉色，而且还有粉白，偏橘的橘红，偏黄的橘黄，以及桃红色、粉色等。比较正的红色也有见，总之是相对于阿卡的淡色珊瑚的总称。从概念本身来讲，都是视觉上的概念，就是以视觉为判断标准，而并不是色彩学上的标准。从地域上看，台湾所产 MOMO 是最多的。实际上，从概念本身来讲，MOMO 红珊瑚主要可能就是根据台湾所产红珊瑚而定义的。MOMO 红珊瑚在色彩上取中庸之道，仁者见仁智者见智，有很多人认为与阿卡不相上下，甚至优者更优。只是由于台湾所产红珊瑚产量比较大，所以在"物以稀为贵"的市场规律下，在价格上略逊而已。但这只是一家之言。笔者在这里不做评论，究竟哪一种更具有升值潜力，还需要市场的检验。

莫莫红珊瑚碗（三维复原色彩图）

莫莫红珊瑚横截面标本

莫莫红珊瑚仿生动物雕件

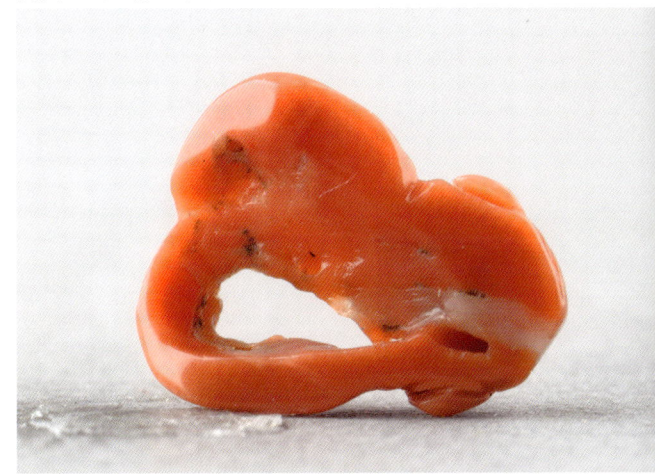

莫莫红珊瑚雕件

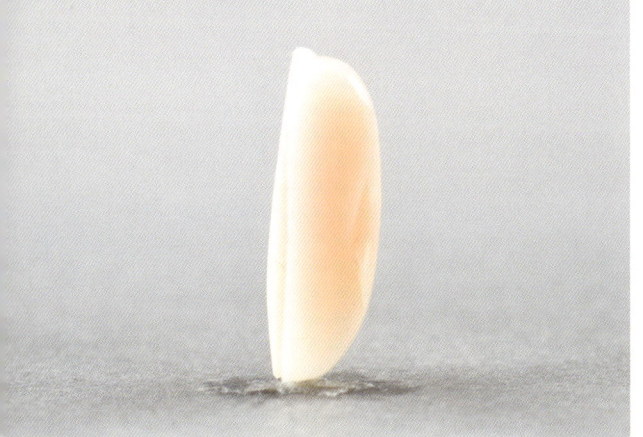

莫莫红珊瑚马

莫莫红珊瑚筒珠

莫莫红珊瑚标本

十一、沙丁红珊瑚

沙丁红珊瑚枝

沙丁红珊瑚顾名思义是因著名的红珊瑚产地意大利的沙丁岛而得名。但沙丁红珊瑚同和田玉一样实际上概念广义化了，只要是符合这类品种特点的红珊瑚都可以称之为沙丁。这样，世界上许多国家出产沙丁红珊瑚都是可能的。沙丁红珊瑚在色彩上十分类似阿卡，橘红、大红、朱红、橙红、正红、深红、黑红、粉红等有见。从出现的频率上看，偏橘红者较为常见，黑红者少见。从白心上看，如果我们左手拿着阿卡，右手拿着沙丁，很容易就可以发现二者还有其他的区别，就是阿卡有白心，而沙丁没

沙丁红珊瑚枝

沙丁红珊瑚枝

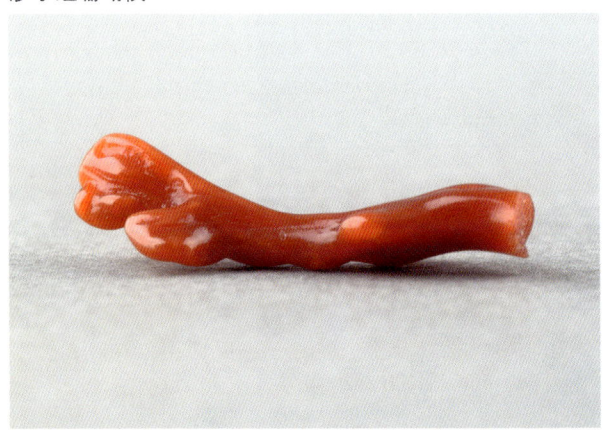

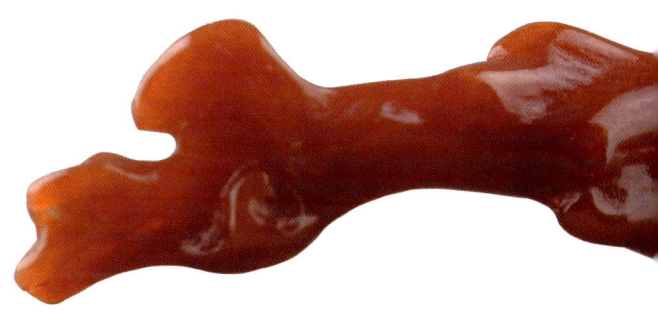

沙丁红珊瑚枝

有。从体积上看，沙丁红珊瑚细碎，孔洞多，难以雕琢，所以大器很少见，都是非常小的器皿。包括珠子也是这样，一般都是在零点几厘米左右。从透明度上看，沙丁红珊瑚在透明度上显然不如日本海产的阿卡，这点很明显。从孔洞上看，日本的阿卡红珊瑚在虫洞上会比较少见，而沙丁则是虫洞比较多。从顶级产品上看，普通的沙丁红珊瑚缺陷明显，可雕琢者甚少，而沙丁中的某些血红色，由于数量极少，所以在价格上并不比阿卡便宜，鉴定时应注意分辨。

沙丁红珊瑚枝

莫莫红珊瑚执壶（三维复原色彩图）

十二、色差法

鉴别红珊瑚的重要方法之一，就是利用珊瑚生长的规律性特征来观测。刚开始的时候，珊瑚吸收铁含量有限，色彩浅淡，而越是生长，颜色越是深，这样就造成了外表皮处的色彩最为深红，而越往深处去色彩越是变淡。但这种色彩浓淡深浅程度的变化有时是相当不明显的，需要我们仔细观察，用心体会才能察觉到。

十三、染色法

染色法是检测珊瑚的重要方法。用盐酸对碳酸钙型珊瑚进行滴试，待气泡反应完毕后，我们可以观察如果溶液有染色，显然说明是伪品，因为珊瑚不是颜料，即使将其剁成粉末，用水搅拌也不能上色。这种方法主要适合于对玉石类作伪时使用，鉴定时应注意分辨。

银莫莫红珊瑚粉色雕花耳钉

925 银莫莫红珊瑚加色雕花耳钉

莫莫红珊瑚观音

十四、明暗法

　　明暗法是一种观测的方法。这种方法虽然简单，但十分有效，就是观察珊瑚色彩，如红珊瑚的色彩比较黯淡时，应注意分辨真伪，这种方法对于辨别低档的仿品很奏效。因为低档仿品由于成本的限制很难达到珊瑚的光亮程度，鉴定时应注意分辨。

莫莫红珊瑚寿星

十五、断　口

断口是在应力的作用下产生的破裂面。宝石断口的形状各异，但大致可以分为齿牙状、起伏不平状、蚌贝状、参差状、平坦状。珊瑚的断口为平坦状，这是决定珊瑚价值的重要依据。因为玻璃为贝壳状断口，珍珠为参差状等，从这些方面可以将其区别开来。但是，染色的珊瑚是看不出来的，因为它的断口也是平坦状的，鉴定时应注意体会。

十六、"吉尔森"合成珊瑚

"吉尔森"合成珊瑚是目前较为高仿的一种珊瑚，主要是利用激光等先进技术来作伪。而且原料也是色彩不是很好的珊瑚，具有极大的欺骗性。这里我们不讨论它是如何做的，我们只讨论怎样辨别出来。这种珊瑚无论在色彩还是光泽上都与真品无异，只是结构不是珊瑚的平行条带，呈现出的是放射状，或者是犹如树木年轮的形状，一般都是微颗粒状的结构。有时也能制作出珊瑚的结构，但这一点很容易判断，因为制作得往往是不清晰，或不自然，很容易看出来。

莫莫红珊瑚摆件

莫莫红珊瑚筒珠

莫莫红珊瑚摆件

莫莫红珊瑚雕件

莫莫红珊瑚花卉雕件

十七、脆　性

　　珊瑚的脆性特征比较明确。脆性是珊瑚在受到外界撞击后的基本反应。珊瑚脆性不是很高，结构较为致密，受到外界力量后反应不应很强烈，但这只是从理论上讲是这样。实际上，由于珊瑚的形状主要是树枝形的，有些枝杈如果掉到地上很有可能就会碎掉，所以在购买和观察珊瑚之时应轻拿轻放，避免使珊瑚受到伤害。

莫莫红珊瑚碗（三维复原色彩图）

十八、死珊瑚

死珊瑚比较容易理解，就是珊瑚虫全部死去后留下的珊瑚礁。由于在海洋内的环境复杂，这种珊瑚不知经历了多么漫长的岁月长河才被人们发现，才出海，在如此漫长的岁月长河之中不免会受到这样或者那样的伤害，起码蛀洞比较多，有时会被折断，形成残损，整体残缺程度比较高，鉴定时应注意分辨。

十九、倒珊瑚

倒珊瑚特征也是比较明确，该珊瑚已经基本停止生长。但这样的珊瑚由于刚刚停止生长，在前面还有着珊瑚不断的自我修复，所以有的表面依然是光彩夺目，精美绝伦，受到各种外力伤害的程度也比较小，鉴定时应注意分辨。

莫莫红珊瑚花卉雕件

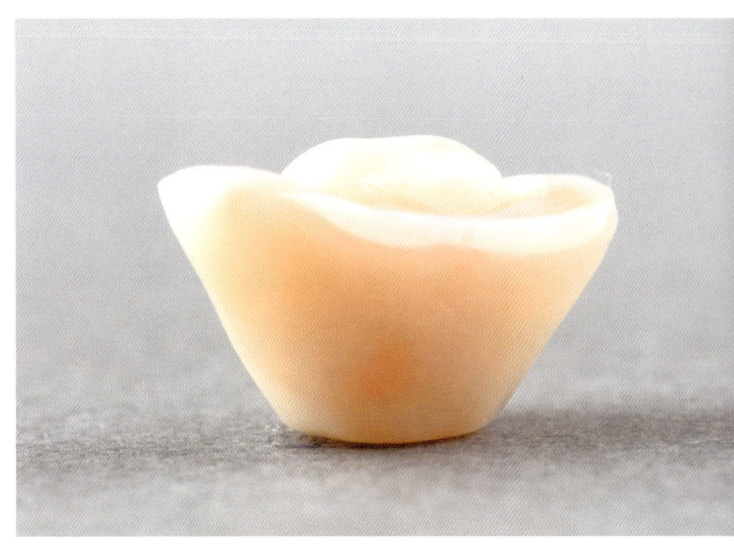

莫莫红珊瑚元宝

莫莫红珊瑚摆件

莫莫红珊瑚摆件

二十、活珊瑚

活珊瑚顾名思义就是取自还活着的珊瑚群体。这类珊瑚由于正在生长，不断补充着营养，表面光洁，温润、淡雅，通体闪烁着非金属的光泽，经过打磨制作后，更是精美绝伦，美不胜收，鉴定时应注意分辨。

二十一、生长期

珊瑚的生长期非常缓慢，这一点古人对其已有深入研究。《新唐书·西域传下·拂菻传》载："珊瑚初生磐石上，白如菌，一岁而黄，三岁赤，枝格交错，高三四尺。"此言不虚，珊瑚需要几十年才能长一寸，几公斤重的珊瑚需要千年的时间才能长成。成长速度非常缓慢，可见其珍贵性。正是因为稀有所以优者价值连城，具有很高的收藏价值。另外，红珊瑚的生长期也提示我们，市场上大量见到的红珊瑚，有的店铺内可以用堆积如山来形容，这样的红珊瑚能全部是真的吗？

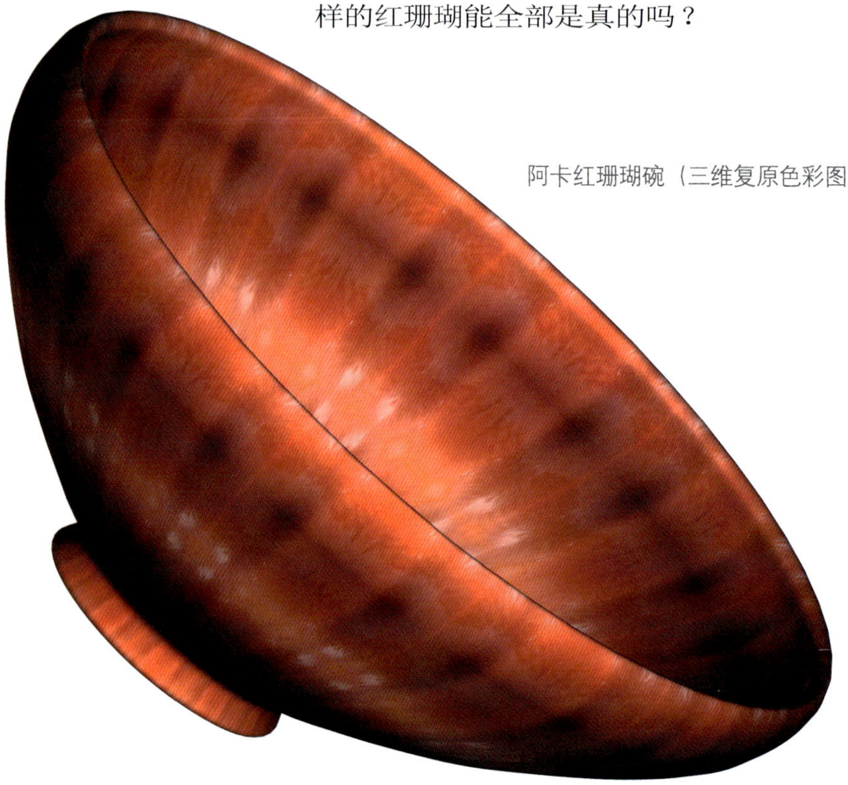

阿卡红珊瑚碗（三维复原色彩图）

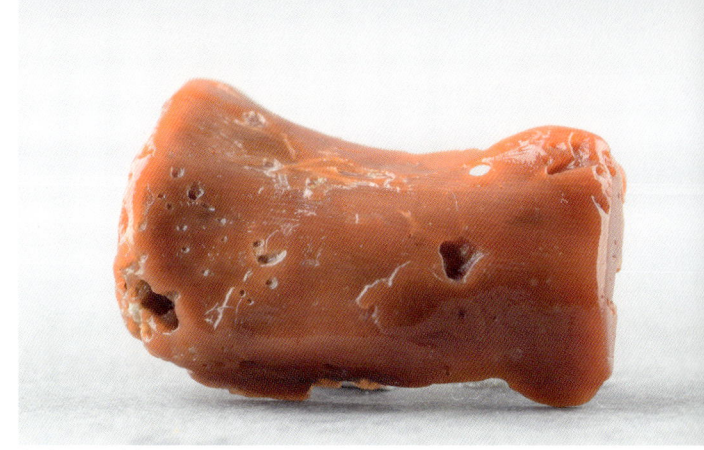

莫莫红珊瑚摆件

莫莫红珊瑚筒珠

莫莫红珊瑚执壶（三维复原色彩图）

二十二、色 彩

　　珊瑚在生长的过程当中，所分泌出的石灰质吸附了海水中因火山爆发而喷出的大量的矿物，如铁、锰、钠、锌、镁、锶、铬、钾等，珊瑚在钙化的过程当中吸附了各种矿物元素，从而变成了各种色彩的珊瑚。如碳酸钙型珊瑚如果吸收了较多的铁元素，那么珊瑚的色彩为红色，最深者就是阿卡；而如果吸收了大量镁元素兼有少量铁元素则色彩就变淡，形成莫莫红珊瑚等。总之，吸收矿物的不同，其色彩会有不同。从微观上看十分复杂，可以说"珊瑚无双"，世界上几乎没有色彩完全相同的珊瑚，或多或少会存在色差，或者是浓淡程度的区别，这一点我们在鉴定时应特别注意分辨。世界上有很多生产红珊瑚的国家和地区，如日本阿卡珊瑚、中国台湾莫莫红珊瑚、还有意大利沙丁珊瑚、阿尔及利亚、突尼斯、西班牙、法国等地区，各种各样的红色竞相出现，竞相绽放，分外美丽，鉴定时应注意分辨。另外，还有白色、蓝色、黑色、金黄色、黄褐色、橙色、紫色等诸多色彩。在色彩的渐变上，深浅浓淡的变化也是十分丰富，鉴定时请注意分辨。

莫莫红珊瑚花卉雕件

莫莫红珊瑚元宝

莫莫红珊瑚筒珠

925 银链莫莫红珊瑚白枝吊坠

莫莫红珊瑚摆件

二十三 、纯净程度

　　珊瑚在纯净程度上特征很明确。自然之物杂质显然是不可避免的，没有杂质的珊瑚理论上是不存在的，只是杂质在轻微程度上有区别。视觉观察不到的即是纯净；如果能够观察到，但非常稀少，杂质又非常小的，这样的情况我们称之为轻微杂质；杂质很明显，而且分布很广的情况是严重杂质。对于珊瑚而言，杂质的多少决定了其优劣程度。杂质越少价值越高，反之杂质越多就越普通。实际上观测不到杂质的珊瑚很少见，完全没有杂质的珊瑚多是收藏级的珊瑚，非常的贵重，同时也非常的美丽。鉴定时应注意分辨。

莫莫红珊瑚摆件

二十四、手　感

用手触摸珊瑚的感觉，作为一种鉴定方法它不是唯心的，也是一种科学的鉴定方法，而且是最高境界的鉴定方法之一。收藏者在练习这种鉴定方法时需要具备一定的先决条件，就是所触及的珊瑚必须是真品，而不是伪器。如果是伪器，则刚好适得其反，将伪的鉴定要点铭记心中，为以后的鉴定失误埋下了伏笔。

谈起珊瑚触摸的感觉，会有一定的重量，特别是较好的红珊瑚，因为较为致密，所以在重量上自然不轻，起码超过我们对其重量的想象。这种感觉我们在鉴定时应注意体会。另外，珊瑚用手触摸的感觉，共性的特征显然是润泽、细腻、光滑、温润，但是温润光滑的程度会随着品级的降低而下降。一般情况下是活珊瑚最好，而死珊瑚往往有缺陷。另外，冬日里将珊瑚放在嘴边的感觉是暖的，而不像玻璃放在嘴唇边的第一感觉是冰凉的。在鉴定我们应注意多体会。

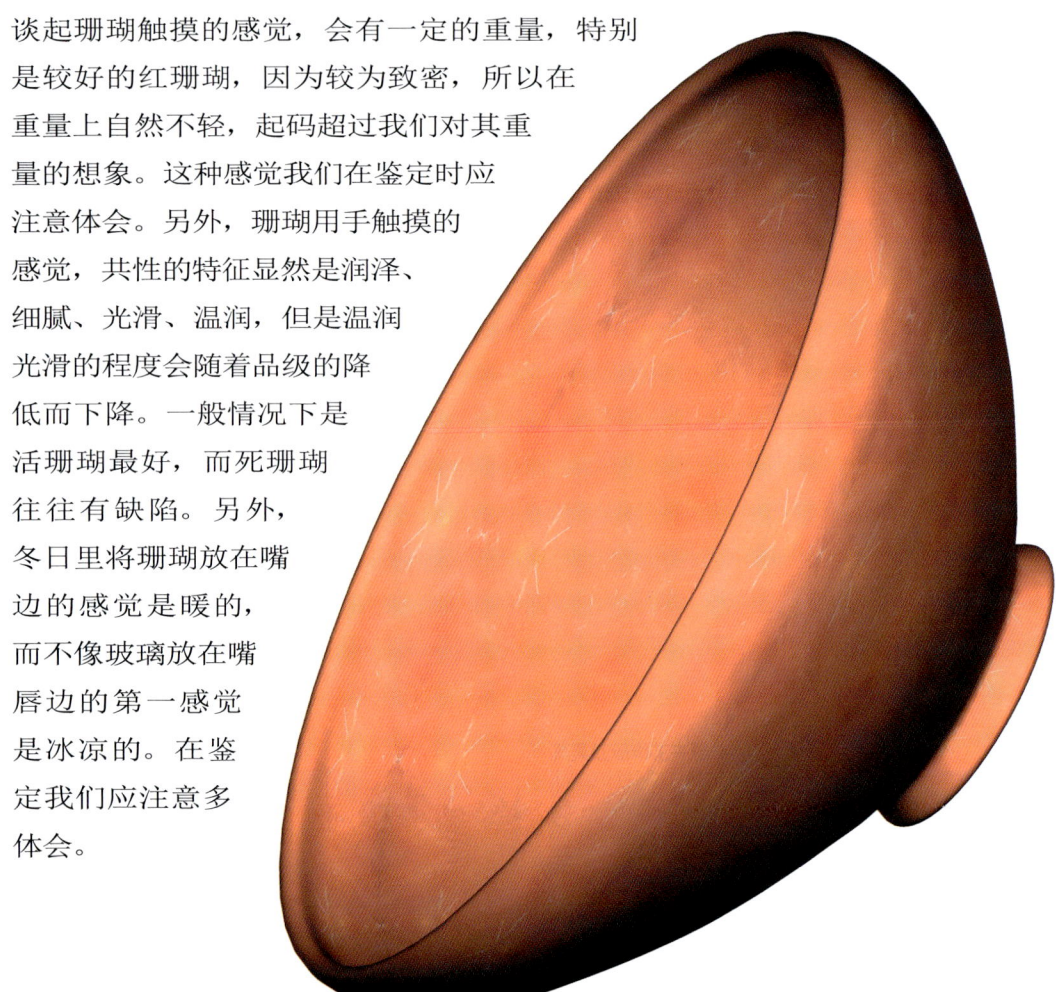

莫莫红珊瑚碗（三维复原色彩图）

925 银链莫莫红珊瑚葫芦吊坠

莫莫红珊瑚仿生动物雕件

莫莫红珊瑚花卉雕件

阿卡红珊瑚枝

莫莫红珊瑚花卉雕件

二十五、精致程度

珊瑚在精致程度特征上比较明确，无论古代还是当代，在精致程度上都比较好。特别是料子比较好的珊瑚更是这样。人们得到一块料极为不易，因为多数珊瑚得来不易（一是珊瑚的生长时间很长，二是各国对于珊瑚的采集和销售一般都有严格的限制，可以说是经过千山万水才来到中国），成本很高，优者数千元1克，差者也是以克论价，所以工匠们也都是倍加珍惜。而这种倍加珍惜的思想化作精益求精的制作态度，在珊瑚之上明显体现了出来。古往今来，珊瑚是以精致为主，普通和粗糙者有见，但数量很少，几乎为偶见。这一点我们在鉴定时要注意分辨。

莫莫红珊瑚随形珠

莫莫红珊瑚筒珠

莫莫红珊瑚玉米穗挂件

莫莫红珊瑚吊坠

925 银链莫莫红珊瑚葫芦吊坠   莫莫红珊瑚随形珠

二十六、老珊瑚

老珊瑚的概念比较清楚，就是指古董老珊瑚。珊瑚在我国的历史十分久远，同我们的文明一样，具有上万年的历史。历代文献对于珊瑚的记载不可胜数，历代出土器物也是层出不穷。我们随意来看一则实例，"东汉珊瑚项珠一条，戴在女尸的头上，一部分缠在包头的丝或絮里。珠粒大小不一，有黑、红、金、银各色，以珊瑚石和琉璃制成"（新疆维吾尔自治区博物馆，1960）。由此可见，至迟在遥远的东汉时期，珊瑚已经像现在一样被人们制作成了美丽的饰品。这条项链由珊瑚和琉璃共同组成器物。我们知道琉璃在当时也是非常珍贵的，类似我们当代的珠宝。由此可见，珊瑚在当时人们心目中的地位也已是一种珠宝。墓主人对其相当珍视，将其摆放在头部附近。根据珊瑚的材质，很有可能是墓主人生前佩戴、死后随葬的器物，而不是专有的明器。其实，中国古代人们对于珊瑚并不陌生，在东汉之前就有见，我们再来看一段资料，《后汉书》云："大秦一名犁鞬，在西海之西，东西南北各数千里。有城四百余所。土多金银奇宝，有夜光璧、明月珠、骇鸡犀、火浣布、珊瑚、

仿老珊瑚隔片

琥珀、琉璃、琅玕、朱丹、青碧，珍怪之物，率出大秦。"同时在东汉之后也有见，《北史·西域传·波斯传》载："土地平正，出金、银、鍮石、珊瑚、琥珀、车渠、马瑙。"由此可见，珊瑚在中国古代在数量上客观上有一定量，需要我们仔细来进行研究。特别是清代红珊瑚作为官员顶戴上珠子使用，进一步加大了红珊瑚的实用价值，从此红珊瑚炙手可热，成为人们追捧的对象。本身红珊瑚在当代的价值就比较好，再加之老珊瑚不可再生的研究、艺术、文物价值，老珊瑚的价值可想而知，更是当代社会每一个藏家所孜孜以求的。在色彩上，老珊瑚由于暴露在空气中时间比较长，表面氧化得比较厉害，通常表面呈现出棕红、红褐等。因为珊瑚本源的色彩是红色，当珊瑚暴露在空气中之后，炎热的天气会使得珊瑚不断变色，但没有关系，好的料子自然色彩就会一点点的恢复，从红色向比较深的红色演变。然而令人意想不到的是，在暴利的驱使下不断作伪的珊瑚出现了，这些珊瑚从民国时期就大量有见，如民国时期纯化学合成的"赛璐珞"，就是一种在当代看来较为低档的珊瑚制品。20世纪二三十年代开始直至今日都有见各种各样作伪珊瑚的出现，而且有越来越严重的趋势。目前在古玩市场上，伪器的总量已经大于真品，以次充好的现象也相当严重。唯有从器物本身出发，来分析老珊瑚的质地、造型、纹饰、尺寸等诸多特征，我们才能较为清晰的认识老珊瑚，准确地揭示老珊瑚所承载的历史信息，以及评判其艺术和经济价值，才能使读者在收藏古珊瑚的道路上，少走一些弯路，少受一些挫折。

加色仿老珊瑚摆件

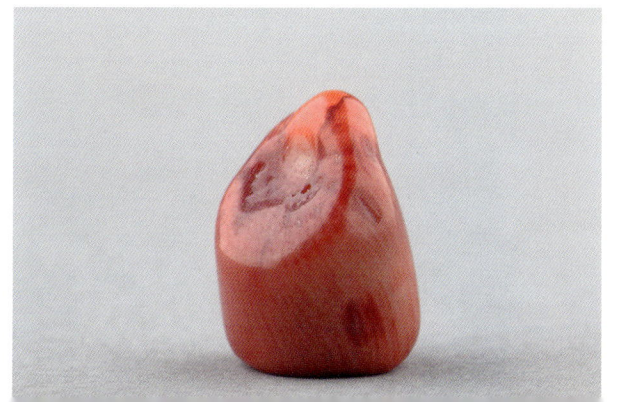

加色仿老珊瑚摆件

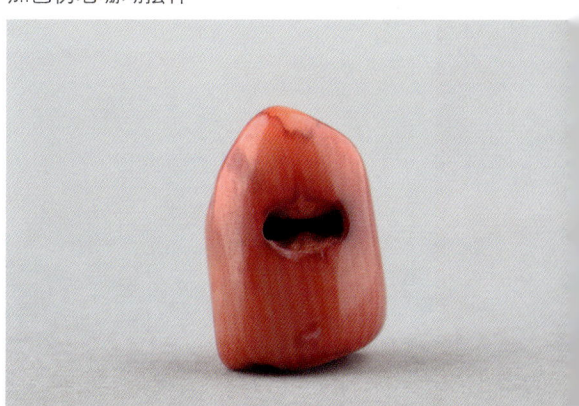

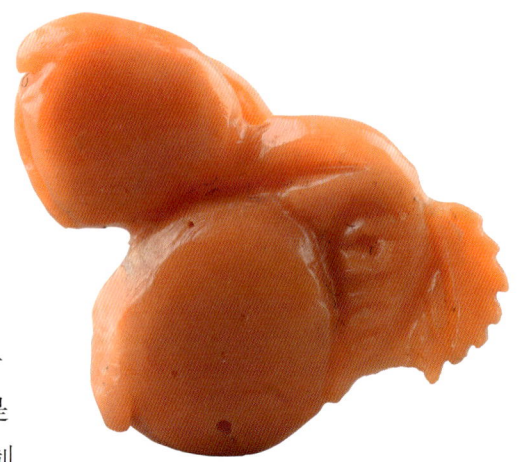

莫莫红珊瑚仿生动物雕件

第三节 辨伪方法

　　珊瑚的辨伪方法主要包括三种，一种是对古代珊瑚文物性质的辨伪，也就是老珊瑚的辨伪；第二种是对老料新工的制品进行辨识；第三种是对新珊瑚的质地辨伪。其实三种辨伪方法虽然在细节上不同，但其实际方法论就是一种，是人们用来达到珊瑚辨伪目的手段和方法的总合。可见，在鉴定时我们要注意到辨伪方法在宏观和微观上区别。另外，还要注意到对于珊瑚的鉴定和辨伪，不是一种方法可以解决的，而需多种方法并用。

莫红珊瑚随形珠

莫莫红珊瑚元宝

莫莫红珊瑚标本

莫莫红珊瑚动物雕件

莫莫红珊瑚标本

莫莫红珊瑚筒珠

莫莫红珊瑚花卉雕件

莫莫红珊瑚标本

莫莫红珊瑚仿生动物雕件

　　在珊瑚的辨伪当中，科学检测显然已经成为一种风尚。许多珊瑚制品本身就带有国检证书。但是证书并不代表一切，证书只能检测成分。不能辨别是否为老珊瑚；是汉代的还是六朝的，都不能辨别；同时也不能辨明它的优劣。当然也不能辨别再造珊瑚，就是将珊瑚打成粉，之后再将其黏合压制成型。这样的珊瑚欺骗性很高，因为检测的都是珊瑚的成分，可以出具检测证书，但证书只写是否为珊瑚质地，并不写是阿卡红珊瑚还是莫莫红珊瑚，或者是沙丁红珊瑚等。所以仪器检测的优点是需要肯定的，但它只是我们鉴定珊瑚的第一步，而且是必须要进行的第一步，并不是全部。珊瑚制品的鉴定需要综合诸多鉴定要点才能确定。

第二章　珊瑚鉴定

第一节　概　述

一、出土位置

红珊瑚标本

中国古代珊瑚传世下来的非常少，主要以墓葬和遗址发掘为主。其中原因显然是珊瑚原料难得，在中国古代也是非常珍贵的材料，人们对于珊瑚非常珍视，一般的人也享用不上，所以传世品自然很少见。墓葬出土也是放置在非常重要的位置。我们来看那一则实例，东汉珊瑚项珠，"戴在女尸的头上"（新疆维吾尔自治区博物馆，1960），墓主人对于珊瑚的珍视，生前佩戴，死后随葬。由此可知，所谓老珊瑚实际上是非常少见的，特别是越久远的珊瑚越这样，而且多数出土在墓葬当中。下面我们具体来看一下。

1. 商周秦汉珊瑚

商周时期珊瑚在出土位置上特征不是很明显，主要原因是当时的珊瑚原料来源困难，墓葬出土数量很少，比较难以整理出有效的数据。秦汉时期珊瑚制品在墓葬当中已经有见，我们来看一则实例，东汉珊瑚项珠，"一部分缠在包头的丝或絮里"（新疆维吾尔自治区博物馆，1960），由这件实例可知在汉代，珊瑚和众多珠宝一样，已成为制作首饰的原材料。总之，这一时期人们对于珊瑚已经是比较熟悉。汉代司马相如的《上林赋》中有"玫瑰碧琳，珊瑚丛生"之句。可见在汉代的上林苑中已有不少珊瑚陈设。但从出土情况来看，的确不是太多，只是墓葬和遗址当中有见，以墓葬出土为主。

2.六朝隋唐辽金珊瑚

六朝隋唐辽金时期是一个跨度非常长的时间段，但在出土特征上依然延续传统，墓葬和遗址内都有出土。从墓葬出土的情况来看，《晋书·吕纂载记》载："即序胡安据盗发张骏墓，见骏貌如生，得真珠簾、琉璃榼、白玉樽、赤玉箫、紫玉笛、珊瑚鞭、马脑钟，水陆奇珍不可胜纪。"从这件关于盗墓的事件，我们可以看到，当时的确很多人是将珊瑚随葬于墓葬当中的。从对珊瑚的描述来看比较可靠，珊瑚鞭应该是一种鞭形的珊瑚原石，并没有经过加工，直接随葬于墓葬当中。另外，从文献来看，《晋书·舆服志》载："及过江，服章多阙，而冕饰以翡翠珊瑚杂珠。"可见这时的珊瑚常常是装饰在冠冕服饰之上。从这一点上来看，也证实了生前佩戴，死后随葬的特点。只不过是六朝时期限制厚葬，很多珊瑚制品不让随葬，故出土珍品中少见罢了。不过当时的人还是想尽办法，将珊瑚随葬于墓葬当中。来看一则实例，六朝珊瑚耳环，M1:29，"出于上层男尸左耳耳环上"（吴勇，1988），可见在具体位置上，就是墓主人随身佩戴。隋唐辽金时期，珊瑚在出土位置上基本延续前代，没有太大的变化，不再过多赘述。

925 银链莫莫红珊瑚鞭形粉枝吊坠

3. 宋元明清珊瑚

宋元明清时期，珊瑚在出土位置特征上基本还是延续传统，墓葬和遗址内都有出土。宋元时期珊瑚已经成为人们熟知的珠宝，由于物以稀为贵，身份自高远。我们来看一段文献，《宋史·宾礼四·诸国朝贡条》载："令广东经略司斟量，只许四十人到阙，进贡南珠、象齿、龙涎、珊瑚、琉璃、香药。"可见珊瑚在当时的珍贵程度，是进贡的佳品，常人不可得。在具体的出土位置上，《明史·舆服二》后妃冠服条载："珊瑚凤冠觜一副。"《清史稿·舆服二》皇后朝冠条附太皇太后皇太后条载："两端垂明黄绦二，中贯珊瑚，末缀绿松石各二。"可见主要是以首饰和冠服之上的装饰为主，这样看来随葬的部位应该就以墓主人佩戴和棺内为主。鉴定时应注意分辨。

4. 民国及当代珊瑚

民国时期距离当代过近，珊瑚很少见有出土的情况，不再过多赘述。当代珊瑚均为传世，不存在出土位置特征，鉴定时应注意分辨。

925 银链莫莫红珊瑚鞭形粉枝吊坠

莫莫红珊瑚珠横截面标本

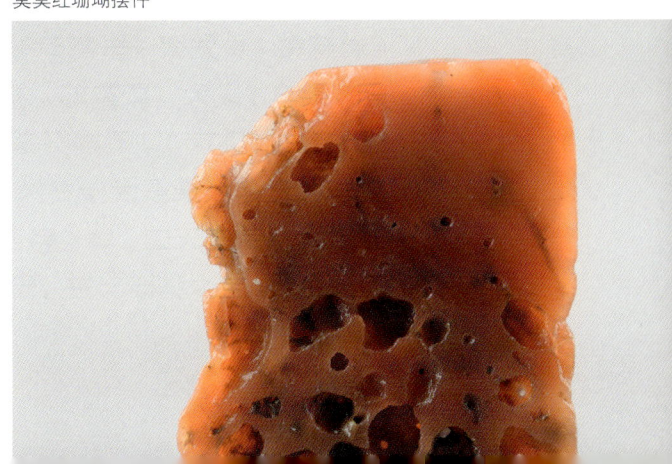

莫莫红珊瑚摆件

二、件数特征

　　珊瑚在件数上的特征对于鉴定而言十分重要，可以反映出其在一定时期内流行的程度，给鉴定提供概率上的切实帮助。珊瑚在件数特征上特征很明确，古代墓葬和遗址都有出土，但无论是墓葬还是遗址出土数量都非常少，以一到二件为主。相对来讲以墓葬出土为主，但并不是所有的墓葬和遗址当中都会出土珊瑚制品，出土的情况只是偶见，这与珊瑚的原材料极难得到有关。在古代，使用珊瑚的人不是帝王将相、嫔妃，就是富商巨贾。我们随意来看一则资料，《新唐书·中宗八女传》载："又为宝炉，镂怪兽神禽，间以璇贝珊瑚，不可涯计。"可见，当时的珊瑚是在宫中使用。这并不是一个特例，我们再来看一则实例，《晋书·舆服志》载："魏明帝好妇人之饰，改以珊瑚珠。"由此可见，珊瑚成了帝王的喜好之物，可见其珍贵程度。同时，我们也可以想象珊瑚在古代的稀少程度，也可见件数特征的确是一个很重要的鉴定要点。如果我们在市场上发现大量的古代珊瑚制品，无论魏晋，大多不靠谱。

莫莫红珊瑚筒珠

莫莫红珊瑚摆件

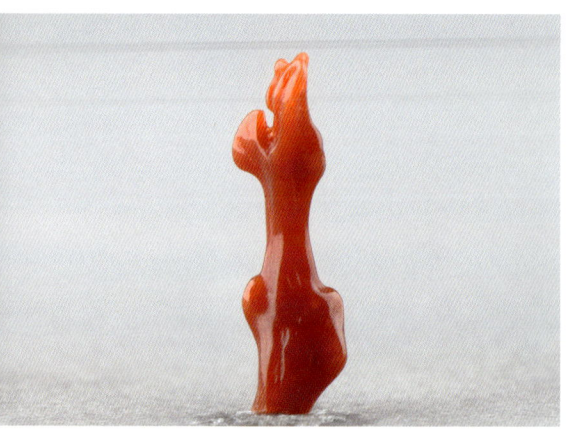

沙丁红珊瑚枝

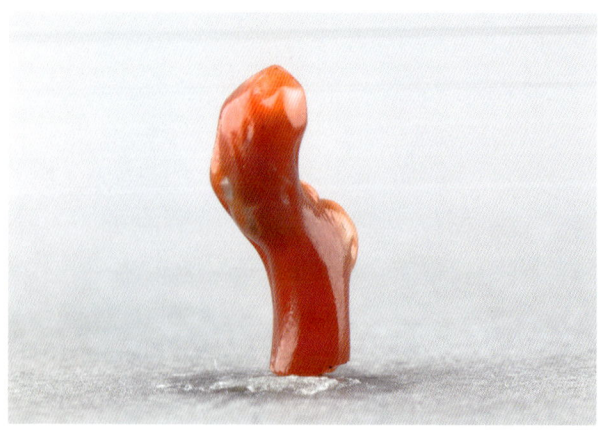

阿卡红珊瑚枝

　　当代珊瑚与古代珊瑚相比，在件数特征上有一个突飞猛进的变化，在总量上增加了很多，可谓是"旧时王谢堂前燕，飞入寻常百姓家"。当然，这主要是由于当代科学技术的发展，人们可以更容易从海上得到珊瑚。不过，在当代珊瑚中，人们更加注重的是珊瑚优质品种的件数特征。从色彩上看，以红珊瑚为主，如阿卡、莫莫、沙丁红珊瑚等。阿卡红珊瑚的件数特征依然不多，有钱不一定能够买到称心如意的阿卡。莫莫同样，普通者很多，但优者极为少见。另外，我们不要以为沙丁红珊瑚优者就随意可以买到，反正也不贵，几十元一克。事实是好的沙丁，如牛血色沙丁由于数量很少，所以也是很难得到。总之，当代珊瑚在件数特征上比古代要复杂得多，同时在红珊瑚的件数特征上也达到了巅峰状态。下面我们具体来看一下各个时代的件数特征：

莫莫红珊瑚花卉雕件　　　　　　　　　　　　　莫莫红珊瑚鸡心吊坠

1. 商周秦汉珊瑚

商周秦汉珊瑚在在件数特征上特点很明确，商周时期出土数量很少，特征不是很明确。秦汉时代有见出土，但件数特征以一件为多见，"东汉珊瑚项珠一条"（新疆维吾尔自治区博物馆，1960），实际上这并不是一个特例，而是这一时期墓葬出土珊瑚的写照。总的情况来看，的确商周秦汉时期珊瑚数量相当少见，相比在当时是极为珍贵的。

2. 六朝隋唐辽金珊瑚

六朝隋唐辽金时期珊瑚的数量也是比较少见，与汉代相比并没有太大的变化。我们来看一则实例，六朝珊瑚"项链一件"（新疆文物考古研究所，2002），由此可见，这一时期的珊瑚件数特征是继承了传统。不过显然在这一时期，珊瑚的数量有所好转，存在集中出现的情况，我们来看一则实例：六朝珊瑚坠饰，96MNN14：30，"坠饰，9件"（吴勇，1988）。由此可见，出土珊瑚数量之多，仅仅是珊瑚坠

莫莫红珊瑚标本

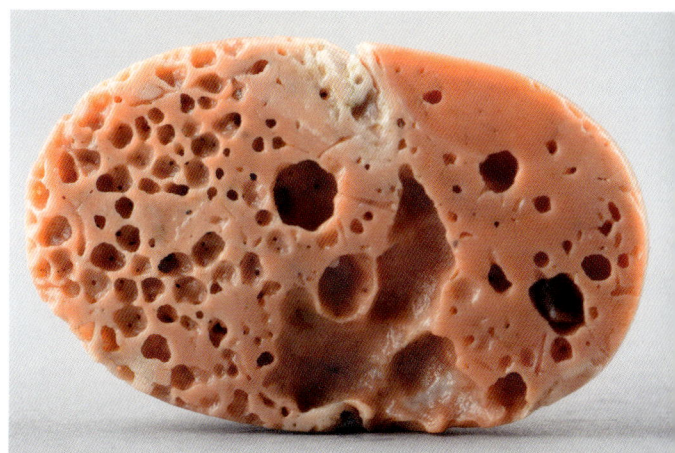

莫莫红珊瑚标本

就出土了九件。对于珊瑚这是一个比较庞大的数值。另外，在尼雅遗址当中出土珊瑚的总量至少有几十件之多。从这一点上看，我们应该得出结论，魏晋或者说六朝时期珊瑚的数量比汉代要多。但我们还应该考虑到尼雅遗址可能是一个特例，因为在全国来讲，发现这样大规模出土珊瑚的情况不是很多。就全国综合情况来看，六朝隋唐辽金时期的墓葬当中，出土珊瑚的数量很少，大多数墓葬当中并没有随葬珊瑚制品。这从另外一个方面又说明了珊瑚的随葬没有随着时代的发展而发展。而且这一点也非常容易理解，就是因为珊瑚的来源问题没有解决。珊瑚在原料上依然是极为稀少，这样墓葬和遗址出土的情况自然不会比汉代有所好转，这是原料与流行的关系。从文献上看，六朝隋唐辽金时期，珊瑚在件数特征上也是比较少见，人们虽然对于珊瑚有一些研究，但是对于珊瑚还是比较懵懂。如《隋书·南蛮传·婆利传》载："海出珊瑚。"十分笼统，特别是得到深海珊瑚应该是比较困难，所以在件数特征上不应该是很多。辽代这种情况也没有太大的改观，如《辽史·属国表》载："回鹘献珊瑚树。"由此可见，珊瑚树是作为进贡的珍贵物品，其数量应该是十分稀少。鉴定时应注意分辨。

莫莫红珊瑚标本

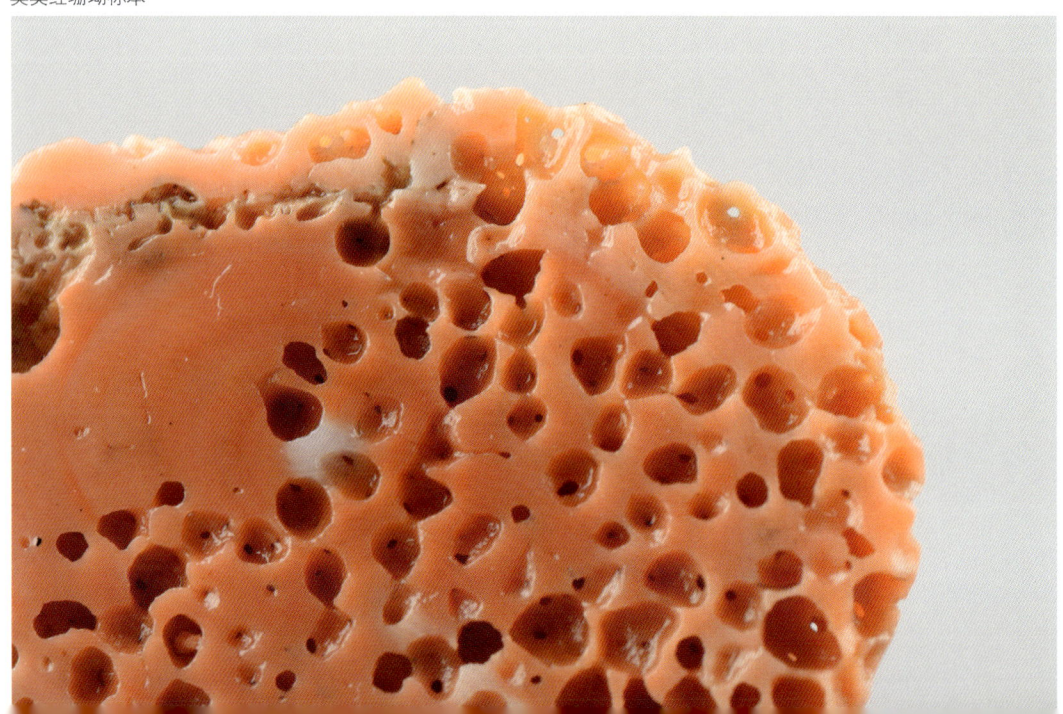

莫莫红珊瑚珠横截面标本

莫莫红珊瑚标本

3. 宋元明清珊瑚

　　宋元时期珊瑚制品在件数特征上并不多，依然是炙手可热的珍宝。这一点我们来看一则资料，《宋史·濮王允让传》载："性酷嗜珊瑚，每把玩不去手，大者一株至以数百千售之。"可见是何等的珍稀之物，数量应该非常之少，才能物以稀为贵，才能以数百千售之。宋代墓葬出土珊瑚的数量特征基本上延续传统，变化并不大。元代，贵族可能更是喜欢珊瑚，《元史·世祖纪十》载："辛未，相吾答儿遣使进缅国所贡珍珠、珊瑚、异彩及七宝束带。"可见珊瑚在元代也是作为贡品来进贡用的。由此可见，其珍贵程度。明代更是这样，《明史·乐志三·乐章二》载："见君王，来朝宝殿裹，珊瑚、玛瑙、玻璃，进在丹墀。"这样看来，珊瑚在明清时期依然是稀罕的物件，在件数特征上自然是多不了。我们来看一则实例，明代"珊瑚簪1件"（南京市博物馆，1999），由此可见，明代珊瑚在件数特征上依然延续着古老的传统，以一件为多。清代珊瑚由于传世品较多，数量特征也比较明确。如《清史稿·世宗本纪》载："冬十月庚子，再定百官帽顶，一品官珊瑚顶，二品官起花珊瑚顶，三品官蓝色明玻璃顶，四品官青金石顶，五品官水晶顶，六品官砗磲顶，七品官素金顶，八品官起花金顶，九品、未入流起花银顶。"也就是说在康熙朝，二品官以上是珊瑚顶，可见珊瑚在数量上比以往朝代有所增加，人们也更加喜爱珊瑚。但这段史料也告诉我们，珊瑚的数量依然不多，试想二品官的数量自然并不多。珊瑚的总量有限，而且主要集中在上层社会使用。鉴定时应注意分辨。

4. 民国及当代珊瑚

民国及当代珊瑚在件数特征上基本延续清代，并不是很多。但是民国时期人们依然保持了对珊瑚的极大热情，这样在市场有需要的情况下，大量的作伪珊瑚就出现了。如纯化学制品的"赛璐珞"。其实赛璐珞是一种塑料，由于具有透明度好、韧性强、光泽好、易染色等特点，刚好用来制作假珊瑚。在民国时期制作了大量的"赛璐珞"珊瑚，镶嵌在各种各样的戒指、耳钉等诸多器物之上。所以不要以为古董就不会骗人，古人同样有骗人的伎俩。所以，在珠宝行内听故事式的冲动买卖是不能做的，唯一就是看东西说话。由此可见，民国时期百业凋零，珊瑚更是很少见，特别是比较好的珊瑚几乎绝迹，可见在件数特征上的惨状。

莫莫红珊瑚雕件

莫莫红珊瑚雕件

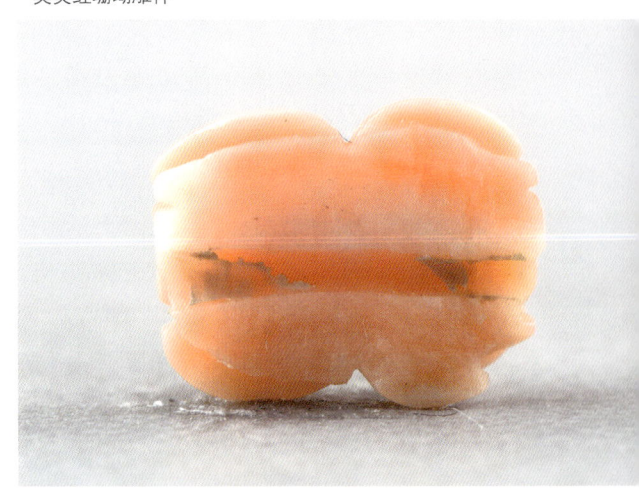

莫莫红珊瑚珠

莫莫红珊瑚花卉雕件

银链莫莫红珊瑚松鼠吊坠

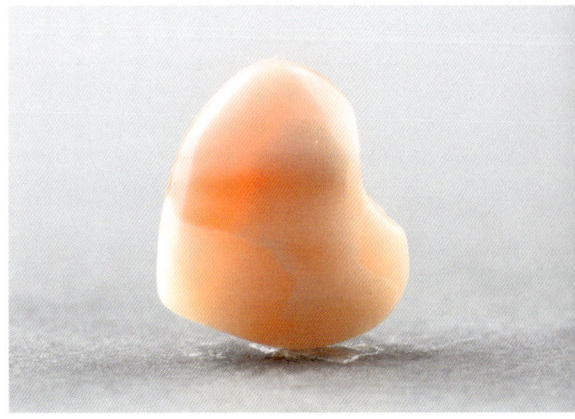

莫莫红珊瑚鸡心吊坠

　　当代珊瑚在件数特征上达到了历史之最，这是没有疑问的。当代珊瑚在数量上可以说比历代珊瑚数量之和还要多，可见其规模之巨。大量的串珠、项链、手链、佩饰、把件、吊坠、树、摆件、管、珠、耳环、耳钉、隔珠、隔片、念珠、佛珠、盒、多宝串等，特别是珠子和手串、项链的数量非常之多。之所以出现这种情况，是因为当代打捞珊瑚比古代用铁网打捞要便利得多，相当多的珊瑚被打捞上来，原材料十分充足。在这种情况之下，珊瑚在数量上有一个猛增。再者就是这些年诸多国家的珊瑚通过进口大量地输入到中国，这使得珊瑚在件数特征上进入到中国历史上最为繁荣的一个时期。相信在今日盛世收藏之风的推动下，珊瑚在件数特征上一定能够更上一层楼。不过，精品珊瑚的数量在今天依然不多。如阿卡级的红珊瑚依然很少见。我们在商店内看到很多货，但有很多其实是用莫莫红珊瑚以次充好的。所以在购买红珊瑚时一定要选择品牌。目前，沙丁红珊瑚的数量多一些，但是牛血红者亦是少见。总之，珊瑚相对于古代来讲，数量的确是多了许多，但是相对于其他珠宝来讲，数量依然是很少的。大量存在的是一些硬度不够，浅海的珊瑚，这类珊瑚由于不具备"物以稀为贵"的商品属性，所以收藏的价值不大。鉴定时应注意分辨。

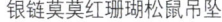

莫莫红珊瑚碗（三维复原色彩图）

莫莫红珊瑚标本

三、完残特征

完残特征不仅指的是中国古代的珊瑚制品，也包括当代珊瑚制品，或者是随形摆件。珊瑚在古代的时候，一般是用铁网进行打捞。我们来看一则实例，《新唐书·西域传下·拂菻传》载："海中有珊瑚洲，海人乘大舶，堕铁网水底。"而铁网打捞，必然会使珊瑚残损严重，所以在汉代六朝时期，一般珊瑚制品表面都经过仔细刮削，我们来看一则实例，六朝珊瑚管饰，96MNN14 ： 132，"表面刮削光滑"（吴勇，1988），由此可见，这件珊瑚管饰表面已经刮削得十分光滑。但是，这样的制品通常也看不到珊瑚自然的纹理了，因为都被刮削干净了。关于这一点，很多人不理解，不知道为什么魏晋时期的人喜欢刮削珊瑚制品，其实就是遮丑而已。当然随着时代发展，珊瑚制品在完残特征上也随着打捞技术的发展而好转。至宋元明清时期，珊瑚原料的残缺已经大为好转。至当代，珊瑚在完残特征上可以说达到了历代最好的水平。现代化的打捞技术珊瑚基本上没有损害，特别是活珊瑚在完残特征上几乎尽善尽美，几无缺陷。但是对于死珊瑚而言，情况不大乐观，珊瑚折断、磕碰等情况也是时常发生。下面我们具体来看一下各个时代的情况：

925 银链莫莫红珊瑚吊坠

莫莫红珊瑚粉色南瓜

1. 商周秦汉珊瑚

商周时期由于墓葬发现很少，珊瑚残缺的情况不是很清楚，还有待于更多的考古发现来梳理，但从目前已经掌握的一些不完全的情况来看，残缺情况很严重，完好无损者少见。秦汉时期珊瑚原料也是存在着这样或者那样的残缺，这是铁网打捞对其所造成的伤害。但对于成品而言，这一点似乎没有什么，因为制作时还会经过精心的打磨，成品表面一定是磨光的。但是由于秦汉时期距离我们当代过于遥远，所以珊瑚的虫孔、断裂等残缺现象一直相伴。特别是串珠一类的珊瑚制品，当穿系的绳子腐烂之后，珊瑚组件就会散落一地，很难穿系，复杂的可能造成不可复原的情况。另外，珊瑚变色等情况也是很多见，我们在鉴定时应注意分辨。

2. 六朝隋唐辽金珊瑚

六朝隋唐辽金珊瑚完整器有见，我们来看一则实例，六朝珊瑚项链，M42 ：4，"现存完整的玻璃珠 6 枚、珊瑚管 7 枚"（新疆文物考古研究所，2002）。由此可见，六朝珊瑚项链上的珊瑚管保存得还是相当完好。能够在数千年岁月长河当中保持完好是很不容易的事情。这可能是由于这些器皿比较小，又是随葬在墓葬当中，而墓葬是一个相对狭小的环境，所以这些珊瑚管才有可能得以偷生。另外，就是一些串饰由于经历时间太长了，穿系的绳子已经断掉。我们来看一则实例，六朝珊瑚项链，M42 ：4，"已脱落散开（新疆文物考古研究所，2002）。由此可见，这件项链已经完全散开，一些散落的珊瑚串珠和散件通常情况下比较容易找到，也比较容易复原，因为没有离开环境。但是对于遗址上的这种情况，复原的希望就非常渺茫。因为遗址过大，地层又容易受到扰乱。从残断上看，六朝隋唐辽金时期珊瑚残断的情况十分常见，断为几节的情况十分常见。这是由于珊瑚有一定的硬度，在受到外界压力的情况下很容易就会发生折断。隋唐辽金时期在完残特征上基本上延续前代。另外，残断、磕碰、磨伤、崩裂、划伤等也都比较常见。这一点我们在鉴定时应注意体会。

莫莫红珊瑚标本

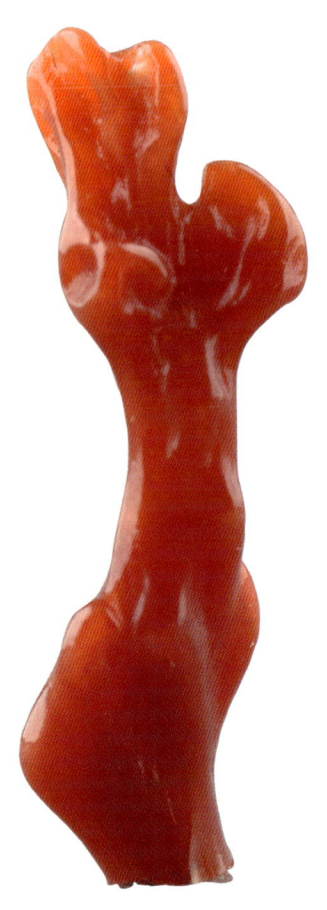

沙丁红珊瑚树枝

3. 宋元明清珊瑚

宋元明清珊瑚在品相上整体情况好一些，可能是当时在打捞上注意到了一些细节，在数量上也有增加。完整器有见，一些清代传世下来的珊瑚看起来是比较完整，当然这与明清时期距离现在较近不无关系。因为时代较近，所以传世品的数量众多，真正是藏宝于民间。这样，宋元明清珊瑚得到了最大限度的保护，完整器皿自然就多。较大的珊瑚有出现，我们来看一则实例，《宋史·外国传五·三佛齐传》载："七年，又贡象牙、乳香、蔷薇水、万岁枣、褊桃、白砂糖、水晶指环、琉璃瓶、珊瑚树。"由上可见，珊瑚树在体积上应该是比较大，主要是作为摆件使用，摆放在厅堂之中，用于观赏。而且根据珊瑚自身的特征，珊瑚树应该是深海珊瑚，因为只有深海红珊瑚等品种才能像树的形状。同时，也说明宋元时期打捞技术非常了得，可以打捞出比较完整而无损伤的珊瑚原材料，所以才会在完残特征上有所进步。明清时期在技术上更为成熟，相对较多的珊瑚被打捞出来。在宫廷宝物库房中就有专门的珊瑚库。其他的高官也是竞相收藏。我们来看一则实例，《明史·殷正茂列传》载："居正卒之明年，御史张应诏言，正茂以金盘二，植珊瑚其中，高三尺许，赂居正，复取金

莫莫红珊瑚吊坠

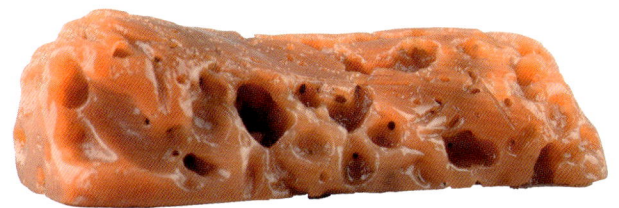

莫莫红珊瑚摆件

珠、翡翠、象牙馈冯保及居正家人游七。"由此可见，用来贿赂高
官的珊瑚应该是完整的。对于当代我们看到的珊瑚而言，特别是墓
葬或者是遗址出土的珊瑚和制品，由于地下环境复杂，残缺的情况
也是时常有见。我们来看一则实例，明代珊瑚簪，M3 ： 42，"已断
为三段"（南京市博物馆，1999），可见这件珊瑚簪残缺得较为严重。
但一般墓葬内出土的器物基本都可以复原，对其研究价值损伤不大。
总之，宋元明清时期珊瑚在残缺特征上较之前代有较大进步。鉴定
时应注意分辨。

阿卡红珊瑚标本

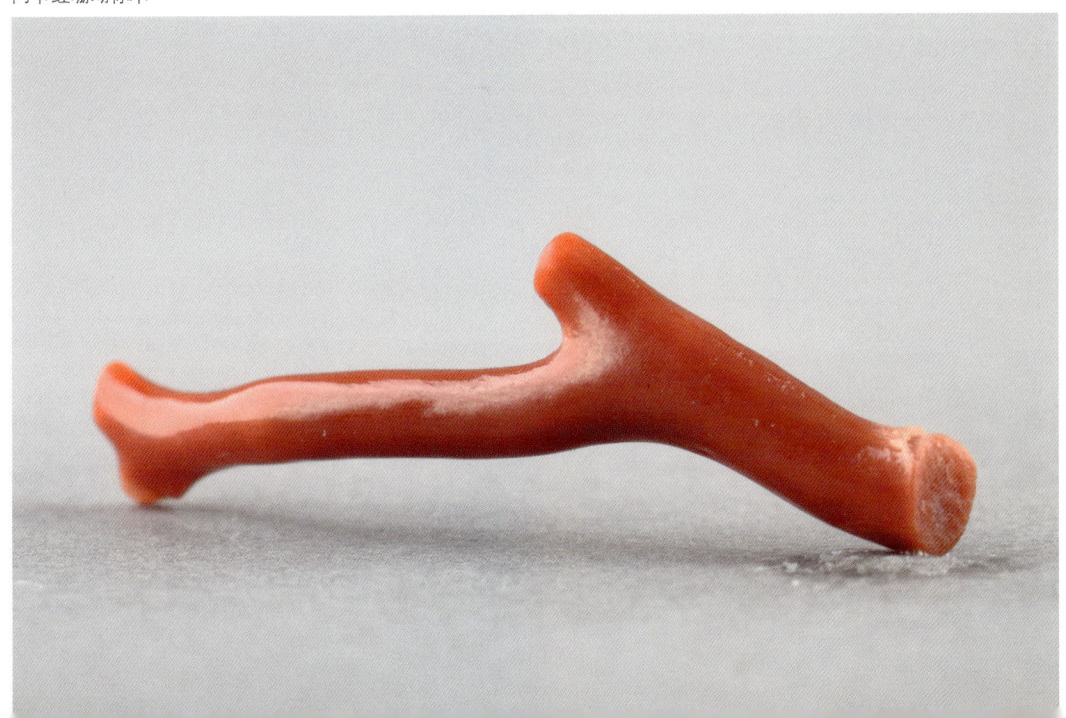

加色仿老红珊瑚碗（三维复原色彩图）

4.民国及当代珊瑚

民国及当代珊瑚基本上完好无损，这与其传世品和当代市场商品的属性有关。传世的珊瑚由于比较珍贵，多数存放于国有的文物商店之内，或者是老百姓手里。因此民国珊瑚传世品的特征，真正是藏宝于民间。这样民国及当代珊瑚得到了最大限度的保护，完整器皿自然就多。当代商品的属性自然是需要完好无损，这一点是无疑的。这样看来，民国及当代珊瑚在完残程度上是历代比较好的。但是，民国时期积弱积贫，好的珊瑚制品不是很常见，而且假货非常

莫莫红珊瑚筒珠

莫莫红珊瑚筒珠

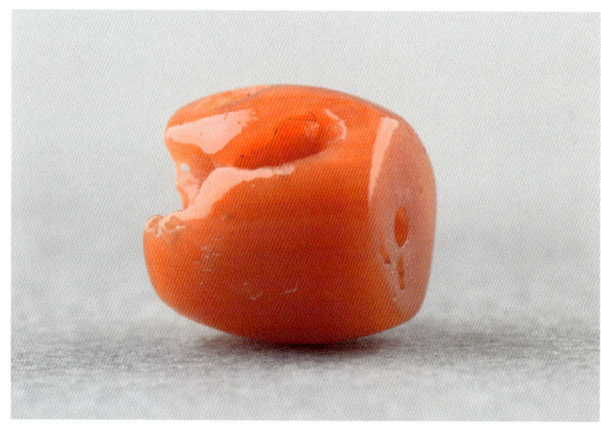

莫莫红珊瑚摆件

多，就不再过多赘述。当代珊瑚在完残特征上应该说是达到了历代
之最。从随形摆件来看，残缺者有见，但多以轻微残缺为主，除去采
集痕迹的完好者也是很常见。对于珊瑚制品而言，基本上都是完好
无损。除了一些珊瑚本身虫蛀的孔洞等，多是死珊瑚上有见，但是在
制作时也都将其剔除。因此，我们从商场内看到的珊瑚大多数都是
熠熠生辉，精美绝伦。残缺在当代珊瑚中似乎已经离我们远去。只是
在一些很差，几乎未处理过的珊瑚制品上有见。多是珊瑚自身形成
的较大的孔洞，或者是较为密集的孔洞。这一点我们在鉴定时应注
意分辨。

莫莫红珊瑚摆件

莫莫红珊瑚筒珠

莫莫红珊瑚标本

莫莫红珊瑚标本

四、并存情况

　　并存情况多数是指古代珊瑚，在墓葬、遗址，或者生活当中与珊瑚共同出现的材质或者器物。这对于判断珊瑚的质地、功能等都有着重要的意义，是鉴定方法的一个重要方面。我们来看一则实例，《明史·外国列传七·古里列传》载："所贡物有宝石、珊瑚珠、琉璃瓶、琉璃枕、宝铁刀、拂郎双刃刀、金系腰、阿思模达涂儿气、龙涎香、苏合油、花毡单、伯兰布、芯布之属。"由此可见，古人实际上是将宝石、珊瑚、琉璃、金器、龙涎香等珍稀物品置于同一地位的，说明珊瑚在古代是一种珍稀的珠宝材质。根据汉代许慎《说文解字》称玉为"石之美有五德"，所谓五德即指玉的五个特征，凡具温润、坚硬、细腻、绚丽、透明的美石，都被认为是玉。但珊瑚是同宝玉石分开的，显然是认为珊瑚与宝玉石非同类但又同样是珍稀珠宝。这可能与其来自海洋生物有关，所以在古代一般情况下都将珊瑚与宝玉石分开。像这种实例还有很多，我们再来看一则实例，《旧唐书·西戎传·泥婆罗传》载："其王那陵提婆，身著真珠、玻璨、车渠、珊瑚、琥珀、璎珞，耳垂金钩玉珰，佩宝装伏突，坐狮子床，其堂内散花燃香。"这个实例记载了珊瑚在一个王者身上与其他珍贵材质器物并存的情况。如涉及珍珠、玻璃、砗磲、玉器、琥珀等，由此可见，在古代，珊瑚的并存器物十分丰富。下面我们具体来看一下各个时代的情况：

碧玉秋叶

金珠标本

1. 商周秦汉珊瑚

商周时期，珊瑚由于出土器物很少见，文献记载也很少，所以珊瑚的情况不是很清晰，留待进一步的考古发现。秦汉珊瑚在墓葬和文献中都有见，墓葬随葬还是比较少。我们来看一下文献，《汉书·西域传上·罽宾国传》载："珠玑、珊瑚、虎魄、璧流离。"可见是和珊瑚、琉璃、琥珀等并存在一起。我们知道，琥珀数量非常之少，在古代是异常珍贵。琉璃也是这样，由于当时人们技术不像现在这样发达，所以烧制琉璃也是难事。而珊瑚和琥珀与琉璃并存在一起，充分说明了珊瑚珍贵材质的一面。像这样的例子还有很多，如《后汉书·班彪传附子固传》注引《汉武故事》曰："武帝起神堂，植玉树，茸珊瑚为枝，以碧玉为叶。"可见，珊瑚在皇家地位也是非常之高，是人与天地沟通交流的神物，异常的珍稀，同时我们可以看到与碧玉共同并存在一起。

莫莫红珊瑚筒珠

砗磲标本

琥珀标本

2.六朝隋唐辽金珊瑚

六朝隋唐辽金时期珊瑚在并存特征上没有太大的改变。我们来看一则较为翔实的实例,《三国志·魏书·东夷传附倭传》载:"大秦多金、银、铜、铁、铅、锡、神龟、白马、朱髦、骇鸡犀、玳瑁、玄熊、赤螭、辟毒鼠、大贝、车渠、玛瑙、南金、翠爵、羽翮、象牙、符采玉、明月珠、夜光珠、真白珠、虎珀、珊瑚、赤白黑绿黄青绀缥红紫十种流离、璆琳、琅玕、水精、玫瑰、雄黄、雌黄、碧、五色玉、黄白黑绿紫红绛绀金黄缥留黄十种氍毹、五色毾、五色九色首下毾、金缕绣、杂色绫、金涂布、绯持布、发陆布、绯持渠布、火浣布、阿罗得布、巴则布、度代布、温宿布、五色桃布、绛地金织帐、五色斗帐、一微木、二苏合、狄提、迷迷、兜纳、白附子、薰陆、郁金、芸胶、薰草木十二种香。"可见,珊瑚在六朝时期并存情况进一步复杂化,几乎涉及所有人们认为珍贵的物品。而珊瑚与金、银、铜、铁、铅、锡等金属并列。我们再来看一则考古发掘的例子,墓葬出土"此外,在城中我们还收集到海贝4枚、蚌饰4件、珊瑚2件"(新疆楼兰考古队,1988)。由此可见,在楼兰古城当中便有珊瑚的存在。与其共同出土的有同样来自海洋的海贝,以及蚌器等。我们知道海贝并不是我们现代人所理解的海贝,而是曾经作为一种货币来使用,虽然后来货币的功能减弱,但惯性延续的力量依然很强,在一些边

红水晶标本

蜜蜡随形标本

玛瑙标本

疆地区海贝的使用可以延续到很晚的历史时期。由此可见，六朝时期的珊瑚相当珍贵。如果说以上两例，还不能直接说明珊瑚的珍稀性，我们再来看一则这个时期的实例，《晋书·石苞传附子崇传》载："武帝每助恺，尝以珊瑚树赐之，高二尺许，枝柯扶疏，世所罕比。"由此可见，珊瑚不仅仅是在明代设立了专有皇家库房，在六朝时期也是皇帝赏赐所用的物品，可见其珍稀性非同一般。隋唐五代时期珊瑚在并存特征上基本延续前代，来看一则实例，《隋书·西域传·波斯传》载："土多良马，大驴，师子，白象，大鸟卵，真珠，颇黎，兽魄，珊瑚，瑠璃，码磠，水精，瑟瑟，呼洛羯，吕腾，火齐，金刚，金，银，鍮石，铜，镔铁，锡，锦叠，细布，氍，毼，护那，越诺布，檀，赤麖皮，朱沙，水银，薰陆、郁金、苏合、青木等诸香，胡椒，毕拨，石蜜，半蜜，千年枣，附子，诃黎勒，无食子，盐绿，雌黄。"由此可见，在专门记述波斯的珍宝中珊瑚名列前茅，并存器物众多，这一点与前代区别不大，同时《旧唐书·西戎传·拂菻传》载："土多金银奇宝，有夜光璧、明月珠、骇鸡犀、大贝、车渠、玛瑙、孔翠、珊瑚、琥珀，凡西域诸珍异多出其国。"可见，在唐代，珊瑚也是奇宝之一。辽代更是这样，珊瑚被认为是最为珍贵的珠宝品种。我们来看一则实例，《辽史·国语解》载：应天皇后从太祖征讨，所俘人户有技艺者置之帐下，名属珊，盖比珊瑚之宝。"由此可见，珊瑚是人们心目中普遍认为的珍宝。

3. 宋元明清珊瑚

宋元明清珊瑚在并存情况上特征较为明确。我们先来看一则实例，《宋史·舆服志六·宝》载：盏以金装，内设金床，晕锦褥，饰以杂色玻黎、碧石、珊瑚、金精石、玛瑙。"由此可见，在宋代珊瑚的珍贵性，与金床并存在一起，看来宋代珊瑚在并存特征上依然是延续前代，没有太大的改变。元代的情况基本上也是这样，我们来看一则实例，《元史·祭祀志四》神御殿条载："世祖影堂有真珠帘，又皆有珊瑚树、碧甸子山之属。"可见珊瑚的珍贵性进一步提高，布置在元世祖的影堂内，以显示珍贵。

明清时期更是这样，我们来看墓葬出土的情况。明代珊瑚"该墓共出土金、银、玉、琥珀、玛瑙、水晶、披霞、珊瑚、铜、瓷等不同质地的器物约 180 余件"（南京市博物馆，1999）。看来该墓主人的确是奢华异常，几乎将各种珠宝等都随葬在了墓葬中。同时也使我们看到珊瑚的并存之物进一步增加。从具体的并存情况来看，是这样的，"发簪 12 件。其中碧玉簪 2 件，……白玉簪 2 件。……嵌蓝宝石金簪 2 件，……嵌玛瑙花叶形金簪 2 件，……珊瑚簪 1 件（M3：42），粉红色，圆头，方体，已断为三段，长 12.8 厘米。嵌水晶金簪 1 件（M3：43），……琥珀簪 2 件……"（南京市博物馆，1999）。由此可见，比较近的并存质地是白玉、蓝宝石、玛瑙、金器、水晶等。我们可以看到，主要是金银及宝玉石类，可见珊瑚在并存特征上在明代显然有固定化的趋势。

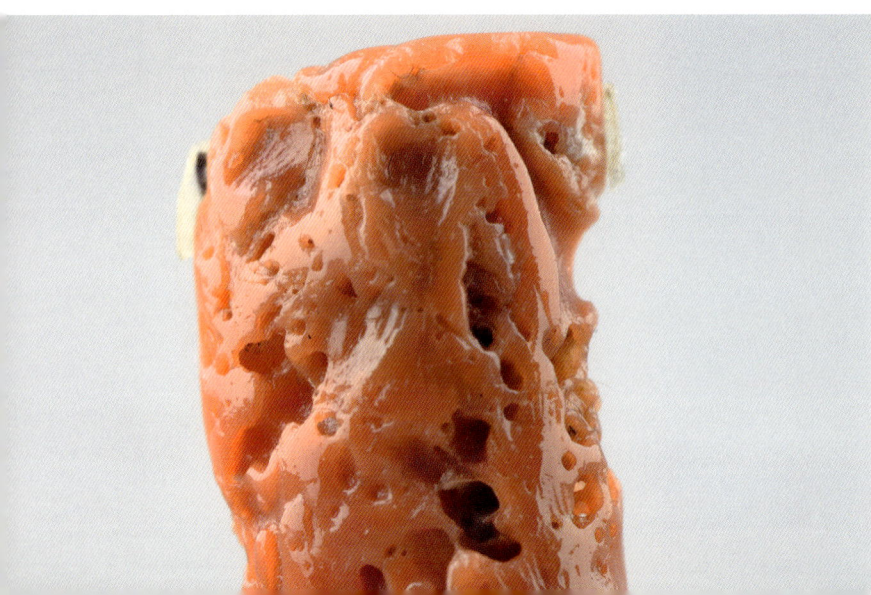

莫莫红珊瑚标本

莫莫红珊瑚标本

沙丁珊瑚枝

　　清代，珊瑚在并存性上特征与明代基本相似，只是有时在具体使用上不同。我们来看一则实例，《清史稿·舆服志二·皇子亲王福晋以下冠服条》载："珊瑚、青金、蜜珀、绿松随所用，杂饰惟宜。"可见珊瑚在皇子、亲王、福晋衣服上的使用，常常与珊瑚、青金、蜜蜡、绿松石等在一起。当然如果不是皇子或亲王等，珊瑚所并存的材质和器物就又不一样了。我们来看《清史稿·舆服二》文武官冠服条载："文二品朝冠，冬用薰貂，十一月至上元用貂尾，顶镂花金座，中饰小红宝石一，上衔镂花珊瑚。"可见对于文官而言，珊瑚是和红宝石结合在一起。由此可见，在清代珊瑚的并存特征日益复杂化，主要是以与不同材质的组合来体现身份和地位。

4. 民国及当代珊瑚

民国及当代珊瑚由于出土器物很少见，并存主要以传世品为主，所并存的材质以金银等镶嵌为主，如戒指等常见，由于基本上是延续清代，在这里不再过多赘述。

当代珊瑚在并存特征上比较清晰，依然是与青金、玛瑙、金银、玉器、水晶、琥珀、蜜蜡等在一起，只是岁月浮沉，物是人非，由于时代的发展，有的曾经的珠宝地位有所下降，所以基本上失去了与珊瑚并存的可能性。如琉璃，也就是现在的玻璃，在古代是非常珍贵的材质，但当代很少与珊瑚并存组成器物。因为玻璃在当代已是平常之物，而珊瑚的珍贵性基本上没有下降。这个例子可以印证一个亘古不变的真理，在贵重程度上人们的情感并不能代替现实。就像珊瑚和琉璃这对曾经的兄弟、情侣，其实它们本身都没有改变，但是却由于科技发展使人们的认识发生了改变而不能在一起并列了。当然，大多数古代材质都还是可以和珊瑚并存在一起的，如金、玛瑙、琥珀、蜜蜡等。有的时候它们共同组合成项链、多宝串等，组合的方式多样化。总之，当代珊瑚并存情况较为复杂化了，我们在具体鉴定时注意多体会。

红玛瑙标本

925 银链莫莫红珊瑚粉枝吊坠

莫莫红珊瑚标本

莫莫红珊瑚珠横截面标本

莫莫红珊瑚标本

南红凉山料标本

第二节 工艺鉴定

一、穿 孔

　　珊瑚无论在古代还是当代都主要是作为一种饰品存在的。而饰品无论是串珠，还是吊坠、把件都需要穿孔，进行穿系，以利实用。我们来看一则实例，《清史稿·福康安传》载："台湾平，赐黄腰带、紫缰、金黄辫珊瑚朝珠。"既然是朝珠必然会有穿系所使用的钻孔。由此可见，穿孔具有什么样的特征，对于珊瑚制品而言具有特殊意义，可能有的时候就是洞穿珊瑚真伪的关键。下面让我们具体来看一下各个时代的穿孔：

1. 商周秦汉珊瑚

　　商周时期在穿孔技术上已经相当成熟，这一点毋庸置疑，因为在商周时期的玉器之上，穿孔就特别好。大的穿孔，如玉璧的穿孔，圆度规整，打磨圆润；小的穿孔，如玉璜等上面用于穿系的穿孔，也都是几无缺陷。但是由于商周时期珊瑚发现的数量并不是太多，所

莫莫红珊瑚珠

莫莫红珊瑚粉南瓜形珠

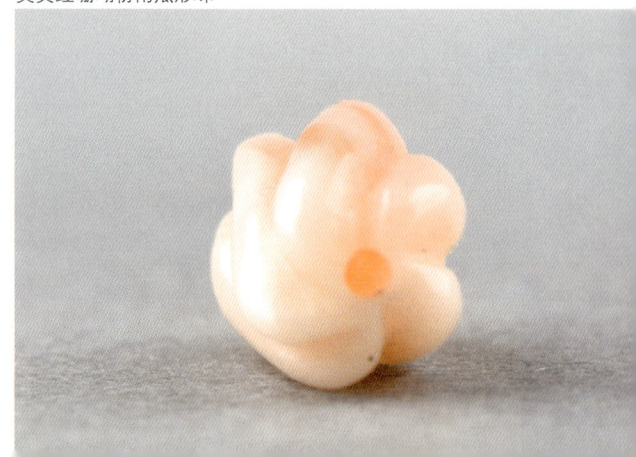

925 银链莫莫红珊瑚松鼠吊坠

以在穿孔上的特征也不是很明确，有待于更多的考古发现。秦汉时期珊瑚制品虽然数量不多，但墓葬当中也是时常有见，多数是珠、管、坠类的制品，客观上都需要打孔才能使用。由于珊瑚器物都比较小，所以珊瑚的穿孔通常也都是非常小，以圆孔为多见。从部位上看，吊坠上打在上部、中间，讲究对称，个别见有打两个孔的情况，不过一般只打一个孔，这可能与人们较为珍惜珊瑚的材料有关。在珊瑚上打孔特别的谨慎，能够满足实用价值就可以了。从钻孔的方法上看，多是对钻，也有见单独钻的情况。打磨仔细，圆度规整，以圆孔为显著特征。鉴定时应注意分辨。

2. 六朝隋唐辽金珊瑚

六朝隋唐辽金珊瑚穿孔较为常见。我们来看一则实例，六朝珊瑚坠饰，96MNN14：30，"5件顶端有孔"（吴勇，1988）。由此可见，基本与前代相似，对于吊坠类多是在顶端穿孔，用以佩戴。其钻孔的精美程度比较好，钻孔与整个装饰融为一体，起码是不影响美观。但六朝珊瑚也有见其他部位打孔的情况，如两端打孔。其目的很明确，就是为了实用的需要而设计，当然也是为了使器物造型达到最佳化的状态。从钻孔的大小上看，基本以小孔为主，大孔的情况很少见。隋唐辽金时期在穿孔特征上基本没有太大的变化，不再过多赘述。鉴定时注意分辨。

莫莫红珊瑚筒珠

莫莫红珊瑚花卉雕件

3. 宋元明清珊瑚

宋元时期珊瑚在穿孔特征上继续延续传统。依然是以小孔为主，大孔径者少见。圆度规整，打磨非常仔细，可谓是做工精湛，一丝不苟。

明清时期在穿孔的部位上有进一步的扩大化。当然，这种扩大化是在坚持传统的基础之上，如讲究对称，以圆孔为主等。我们来看一则实例，《清史稿·舆服二》皇子亲王福晋以下冠服条载："男夫人朝冠，顶镂花金座，中饰红宝石一，上衔镂花红珊瑚。"这样的珊瑚在打孔上位置就比较复杂，连缀的需要可以打数个孔。由此可见，珊瑚的打孔在明清时期主要是随着其功能的扩展而发展，既吸纳传统，又在不断地突破着传统。鉴定时应注意分辨。

4. 民国及当代珊瑚

民国珊瑚在穿孔特征上基本延续传统。从穿孔的方式上看还不及清代复杂，多是一些吊坠等简单的穿孔。穿孔基本也是以小孔为主，便于穿系实用而已，创新不多，故不再过多进行赘述。这一点我们在鉴定时应注意分辨。

莫莫红珊瑚筒珠

莫莫红珊瑚筒珠

　　当代珊瑚在穿孔特征上比较复杂，总的情况是既有对前代的延续，同时也有巨大的发展。当代珊瑚在穿孔上比较多见，手串、项链、串珠等都需要大量的穿孔，基本上是以中部穿孔为主，讲究对称，非常规整。而且绝大部分是机械打孔，圆度规整，整齐划一，较为标准。有时原材料比较小，所以基本上是以小孔为主。但是，机械打孔的缺点也很清楚，就是在创造性上不足，所留下的时代痕迹有限，程式化的特征过于明显。由于珊瑚的孔比较难打，所以在当代，真正还用手工打孔的情况很少见。在打孔的位置上也是较为多样化，主要是根据实用的需要而定。另外，从穿孔的数量上来看，极大地突破了一到两个孔的情况，出现以单孔为主，多孔并举的局面。客观上因为机械打孔比较容易了。总之，珊瑚在打孔特征上与古代本质相同，但形式上变得多样化了。鉴定时应注意分辨。

925 银链莫莫红珊瑚松鼠吊坠

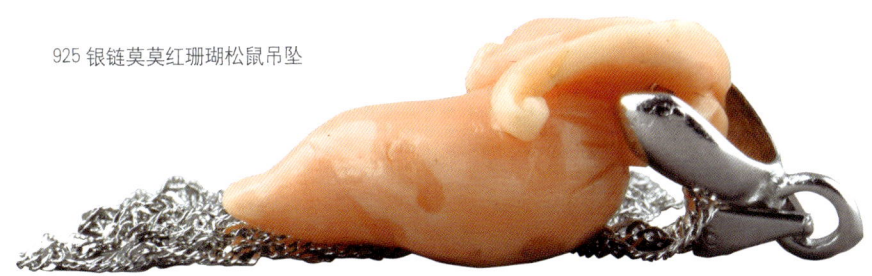

925 银链莫莫红珊瑚兔子吊坠

925 银链莫莫红珊瑚葫芦吊坠

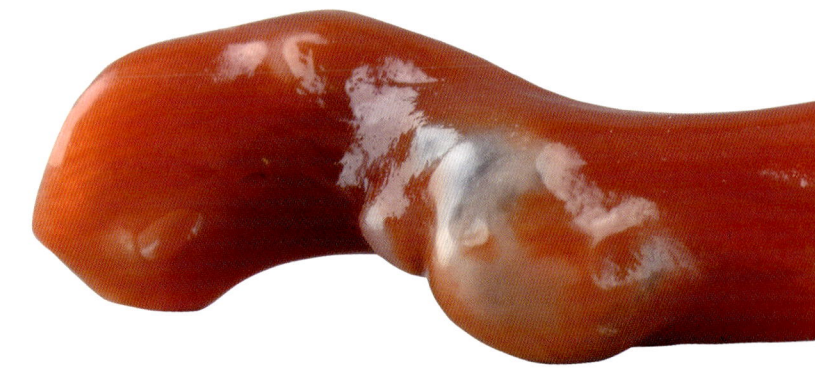

阿卡红珊瑚枝

二、透明度

　　透明度就是光透过珊瑚的程度。实际上光所透过珊瑚的程度十分有限，也比较复杂。完全透明的情况没有，但完全不透明的情况有见，而且还有一定的量；其次是微透明，微透的珊瑚比较常见，特别是用强光手电照射时很明显；最为透明的一种是半透的情况，只是比微透明更进一步而已，其实也就是似透非透的感觉。由此可见，透明度的特征应该是珊瑚的一个重要鉴定要点。当然，透明度的好坏，还与珊瑚的厚度有关，厚度越大，透明度越低。在鉴定时应该多与易作伪的材质进行对比。如染色的红珊瑚一般情况下很难再透明，或者是如自然状态下的似透非透感，因为目前染色技术还没有达到这样高的水平。另外，用贝类以及骨头制作的假珊瑚也是不透的。但实际上真正优质的珊瑚也有不透的。所以透明度的鉴定要点只是一个很重要的参考，还需要结合其他鉴定要点进行分辨。下面我们具体来看一下：

莫莫红珊瑚横截面标本

925 银莫莫红珊瑚加色雕花耳钉

莫莫红珊瑚鸡心吊坠

莫莫红珊瑚花卉雕件

1. 商周秦汉珊瑚

商周秦汉珊瑚在透明度上没有过于复杂性的特征，透明度从不透到微透，从微透到半透明的情况都有见。这一点从理论到实践上应该都是这样，这是由珊瑚的固有特征所决定的。不过这一时期的珊瑚在透明度上不是整体性的，也就是在同一件器皿上也同样存在着微小的浓淡层次的变化。我们在鉴定时应注意分辨。

2. 六朝隋唐辽金珊瑚

六朝隋唐辽金珊瑚在透明度特征上基本延续前代，没有过于复杂性的特征，也是从半透直至不透明的情况都有见，这是由珊瑚的固有特征所决定的。六朝隋唐辽金时期的人们也并没有对其进行过多的挑剔。这可能与当时珊瑚的原材料少，不易打捞有关，不再过多赘述。

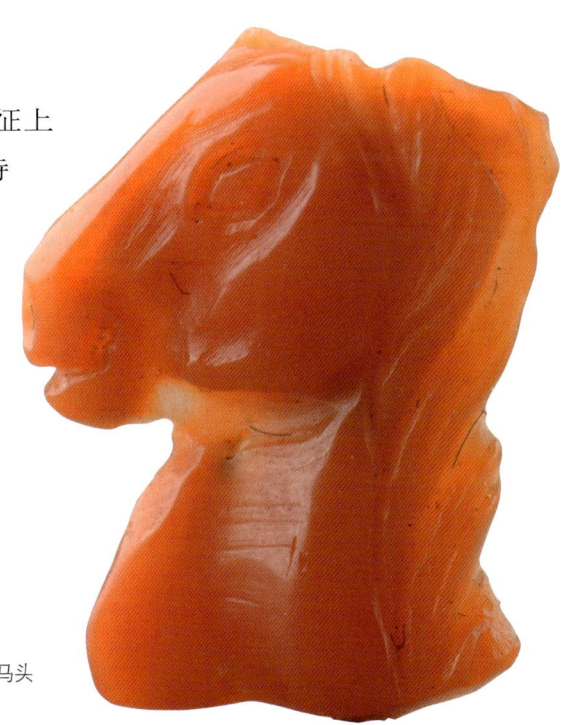

莫莫红珊瑚马头

莫莫红珊瑚粉南瓜形珠

莫莫红珊瑚观音

3.宋元明清珊瑚

宋元明清珊瑚在透明度上也是延续传统。根据对明清时期珊瑚透明度的观测，同样一件器物之上，透明度有所不同。特别是有的如树枝一样的造型，这种变化的跨度还会比较大。由此可见，珊瑚的透明度特征实际上是比较复杂的。但是，这种变化在染色或者玻璃等作伪的器皿之上是没有的，我们在鉴定时应注意分辨。不过在明清时期作伪的珊瑚很少见。大多数作伪的情况都是在民国和当代，很多是用塑料作伪，我们在鉴定时注意到就可以了。

4.民国及当代珊瑚

民国珊瑚在透明度上依然延续前代，在透明度上微透的情况有见，多数是不透。但是民国时期大量仿造的"赛璐珞"红珊瑚，在透明度上则具有很大的欺骗性，从不透到微透，再从微透到半透的情况都有见，专门仿造珊瑚的透明度。对于这样的珊瑚制品，我们应提高警惕，一是从其他方面鉴定，二是看其透明的均匀程度。自然生长的珊瑚在均匀程度上是不均的，而且这种不均几乎是无法模仿的，因为通体透着不均。但是如"赛璐珞"式的红珊瑚由于本质是塑料，所以在透明度上是均匀的。这一点是我们洞穿真伪的关键，在鉴定时应特别注意。

莫莫红珊瑚标本

莫莫红珊瑚碗（三维复原色彩图）

　　当代珊瑚在透明度上基本延续着传统，这是由珊瑚的固有特征所决定的。因为，其他的工艺可以改变，但透明度属于珊瑚本身的特征，可以说商周秦汉时期的珊瑚在透明度上和当代没有区别。只是当代珊瑚由于数量比较多，所以在透明度上较为齐全，不透、半透、微透的情况都有见，我们应仔细观察。另外，在当代，我们对于珊瑚透明度的研究应重点放在染色和作伪上来。因为染色的珊瑚特别多，如吉尔森珊瑚不透明，同样染色珊瑚也是不透明，这样其实就是高仿，因为真正优质的红珊瑚也可能是不透明。而对于这一类的高仿品，我们就不要拘泥于透明度这一种鉴定方法。因为再往前走就会掉进作伪者事先挖好的坑内，这一点我们在鉴定时应注意分辨。另外，对于一些低仿品，如玻璃红珊瑚、赛璐珞红珊瑚等，我们研判的标准就是其透明度变化的自然程度。如果没有变化的就是伪器；如果变化过大则也是伪器。鉴定时注意把握这个度。

莫莫红珊瑚动物雕件

莫莫红珊瑚珠

三、光泽

珊瑚制品的光泽特征比较明显，主要特征是不同色彩的珊瑚在光泽上不同。如红珊瑚光泽鲜亮；而黑珊瑚光泽淡雅，在光亮的程度上不如红珊瑚，这些都是很正常的自然现象。另外，无论是红珊瑚、白珊瑚、黑珊瑚，其在光泽上共有的特征是光泽淡雅，温润，非金属光泽，而且最重要的是有油脂性光泽。这与珊瑚是有机宝石有关，虽然表面已经石化，但油性光泽依然浓郁，这也是珊瑚在光泽上区别

莫莫红珊瑚标本

于其他质地宝石的鉴定要点。如民国时期"赛璐珞"红珊瑚的光泽往往是蜡状光泽，这反而暴露了其是伪器的特征。另外，与玻璃的光泽也不一样，玻璃的光泽很明显是玻璃光泽，区别还是比较大。还有就是一些玉石制作的假珊瑚，其实在光泽上也是不同，玉石的光泽主

要是蜡状光泽，与油性光泽还是有一定的区别。我们在鉴定时应注意到这一点。另外，从时代上看，古代和当代在光泽上没有太大的区别，这是由其固有的特征所决定的。所以商周秦汉时期的珊瑚和六朝隋唐辽金时期，乃至宋元明清时期的珊瑚没有本质上的区别，在这里不再过多赘述。但是有区别的是民国珊瑚和当代珊瑚，下面我们仔细来看一下：

莫莫红珊瑚标本

莫莫红珊瑚粉南瓜形珠

925 银链莫莫红珊瑚吊坠

莫莫红珊瑚筒珠

加色仿老珊瑚摆件

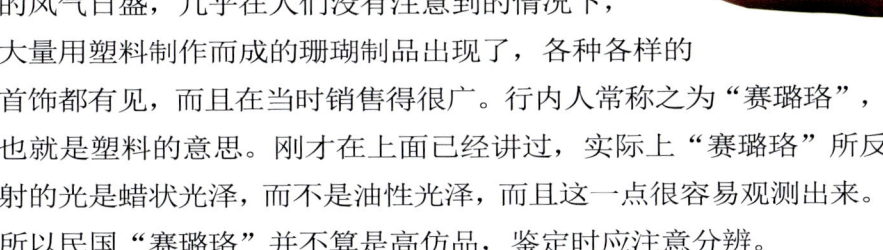

1. 民国珊瑚

民国珊瑚在光泽上与历代没有太大区别，都是光泽淡雅、柔和、温润，大多数通体闪烁着非金属的油脂光泽。但是，在民国时期作伪的风气日盛，几乎在人们没有注意到的情况下，大量用塑料制作而成的珊瑚制品出现了，各种各样的首饰都有见，而且在当时销售得很广。行内人常称之为"赛璐珞"，也就是塑料的意思。刚才在上面已经讲过，实际上"赛璐珞"所反射的光是蜡状光泽，而不是油性光泽，而且这一点很容易观测出来。所以民国"赛璐珞"并不算是高仿品，鉴定时应注意分辨。

2. 当代珊瑚

当代珊瑚在光泽上特征与古代相似，这是由其固有特性所决定的，但当代仿品更多，如玻璃仿珊瑚、塑料仿珊瑚、砗磲仿珊瑚、骨器仿珊瑚、玉石仿珊瑚、吉尔森珊瑚、染色珊瑚等。这些珊瑚各有各的光泽。如玻璃是玻璃光泽，玉石是蜡状光泽，吉尔森珊瑚也是蜡状光泽，唯独仿不出油脂光泽，这就是珊瑚与它们本质的区别。但是光泽从某种程度上来讲也是一个视觉上的概念，并不是纯粹物理性质上的。因为毕竟判断的标准是视觉，所以在鉴定中有时人的视觉会有偏差。因此除了光泽鉴定外，还需要运用其他的鉴定方法来进行相互佐证，因为只有这样才能判定珊瑚的真伪。

925 银链莫莫红珊瑚球吊坠

四、镶 嵌

镶嵌是珊瑚常见的一种装饰方式，如戒指的戒面、吊坠、耳环、项链、服饰等都存在着镶嵌的情况。而且，无论是古代还是当代都有镶嵌，而不仅仅是现代。我们来看一则实例，《清史稿·舆服一》皇帝五辂条载："轿顶蹲龙十二，金顶鈒龙文，嵌珊瑚青金松子等石。"由此可见，镶嵌规格之高，为皇帝直接所使用。当然与珊瑚镶嵌在一起的材质很多，如金、银、玉、水晶、青金石等都有见。如目前市场上，白金项链、白金戒指等都十分常见。总之，镶嵌是珊瑚作为天然有机宝石的重要工艺。商周秦汉时期虽然有见珊瑚制品，而且也都比较小，按道理讲应该具有镶嵌等功能，但由于出土器物比较少，不能佐证，所以还有待考古新发现的出土。六朝隋唐辽金时期珊瑚镶嵌的情况应该是比较常见，但是发现的不多，不过文献当中已经有一些记载，《隋书·礼仪志六》载："冕旒，后汉用白玉珠，晋过江，服章多阙，遂用珊瑚杂珠，饰以翡翠。"由此可见，有可能是用珊瑚来作为镶嵌。明清时期则是有比较大量的珊瑚制品涉及镶嵌。这一点我们从文献、出土器物，特别是大量传世下来的珊瑚制品上可以看得很清楚。下面我们具体来看一下：

925 银链莫莫红珊瑚球吊坠

925 银链莫莫红珊瑚兔子吊坠

925 银链莫莫红珊瑚葫芦吊坠

1. 明清珊瑚

　　明清珊瑚在镶嵌上已经是蔚然成风，各种各样的珊瑚制品出现了镶嵌，特别是戒指、项链、耳环、手镯，以及宫中众多器物。实际上在明清时期，宫中所用珊瑚应该是比较主要的，因为在明清时期，为数不多的珊瑚主要在宫廷使用。在宫廷当中一般都设置有珊瑚库房。我们来看一则实例，《清史稿·舆服一》皇帝五辂条载："嵌青金、珊瑚、松子等石。"可见珊瑚的镶嵌技术在宫中应用已经是十分普遍。但明清时期所见最多的还是戒指、项链、手镯等，之所以这样与珊瑚原料也有关。一般情况下，珊瑚树大者作为摆件，也就是重宝摆放在家中；而珊瑚枝等细小部分则是切割镶嵌的好材料，与不同的材料结合在一起，共同组合成为新的首饰。总之，镶嵌似乎成为明清珊瑚的一大特点，鉴定时应注意分辨。

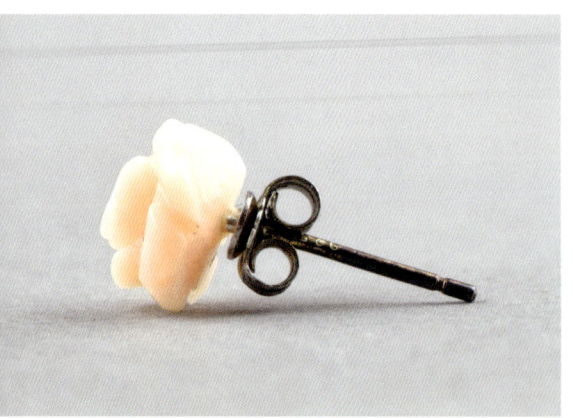

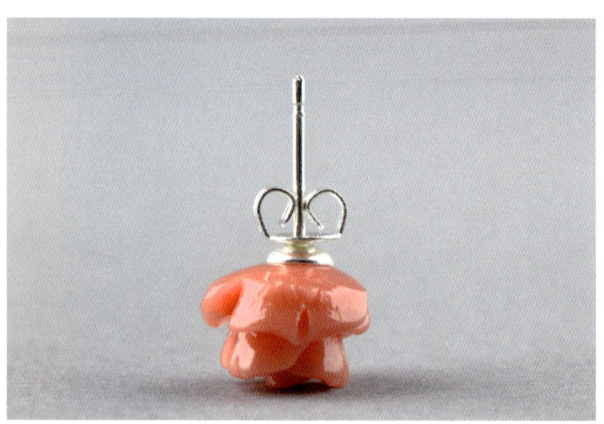

925 银莫莫红珊瑚粉色雕花耳钉　　　925 银莫莫红珊瑚加色雕花耳钉

2. 民国珊瑚

民国珊瑚制品镶嵌的情况也是很普遍。基本上以清代为模本，戒指、耳环、项链等比较多见，做工精致，但造型还是比较单一。以传世品为主，目前在文物商店内最为多见。总之，民国珊瑚多为清代的延续，新的特点不是很多，我们就不再过多赘述。另外，在这些民国珊瑚之中有很多"赛璐珞"，我们在鉴定时应注意分辨。有的时候，即使在国有的文物商店内也不能幸免，因为任何文物商店或者拍卖行都是不保真伪的。这件东西就是这个价钱，看上就买，看不上可以不买。

925 银链莫莫红珊瑚兔子吊坠　　　925 银链莫莫红珊瑚球吊坠

925 银链莫莫红珊瑚吊坠

925 银链莫莫红珊瑚白枝吊坠

925 银链莫莫红珊瑚葫芦吊坠

3. 当代珊瑚

　　当代珊瑚镶嵌工艺十分常见。镶嵌的方式主要是延续传统，同样是以戒指、耳环、项链、吊坠等为主，只是与之镶嵌的材质更加丰富。如铂金、黄金、银、水晶、珠宝等诸多材质都有与珊瑚镶嵌的可能。从数量上看，镶嵌的珊瑚数量可能比历代总和还要多。如果我们到珠宝店内珊瑚柜台前就可以清楚地看到这一切，简直就是一个红色的海洋。镶嵌珊瑚的制品可以说是琳琅满目，从形状上看，珊瑚被做成橄榄形、椭圆形、方形、长条形、花形等各种形状镶嵌在首饰上。讲究简洁明快，珠光宝气，主要突出珊瑚，体现了现代人在镶嵌技术上的高超技艺水平，亦真亦幻，美不胜收。

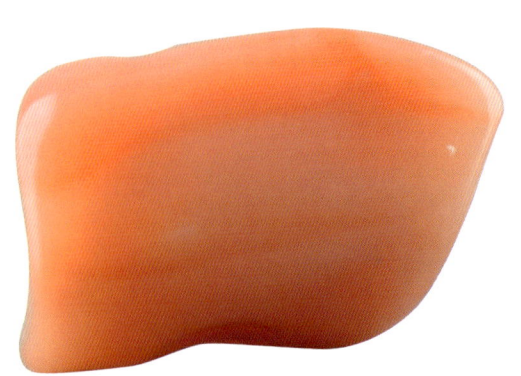

莫莫红珊瑚吊坠

五、色 彩

珊瑚的色彩十分丰富。常见的珊瑚色彩有：橘红、朱红、正红、深红、黑红、粉红、橘粉、粉白、橘黄、桃红、粉色、大红、红黄、淡红、红褐、橙红、白色、黑色、蓝色等。由此可见，珊瑚在色彩上是相当丰富，涉及众多的色彩类别。火山喷发造就了海底世界丰富的矿物元素，如铁、镁等，而珊瑚在钙化的过程当中吸收不同的矿物质色彩就会变成不同的颜色，如吸收铁元素色彩会变成红色，而吸收铁元素程度决定了其红色的浓淡深浅。这样客观上形成了一个丰富多彩的色彩世界。实际上，珊瑚的色彩比以上还要丰富得多，因为以上色彩只是人们根据珊瑚色彩对其进行的宏观归类，鉴定时应注意分辨。

莫莫红珊瑚粉南瓜雕件

阿卡红珊瑚枝

莫莫红珊瑚寿星

　　从时代上看，珊瑚色彩在时代上特征鲜明。商周秦汉时期，珊瑚在色彩上各色应该都有见，但至少在秦汉时期就是以红珊瑚为主。由此可见，珊瑚在色彩上是一个递减的过程。直至当代，珊瑚色彩几乎以单一为主，人们唯独崇拜红色。从精致程度上看，珊瑚色彩与精致程度有一定的关系。牛血红的色彩成为人们的最爱，在自然界珍贵，精致程度就高；而浅色的珊瑚，由于数量比较多，所以基本上以普通的器物多见。从复合色彩上看，珊瑚真正纯正的色彩非常少，由于自然生长的规律，多数存在着浓淡深浅层次的变化。有的时候这种变化非常明显，因此纯正程度也是判断珊瑚品质的重要方面。色彩纯度越高，珊瑚品级越好。从其他色彩上看，珊瑚在历代都是以红色为上，其他色彩的珊瑚，如白色、蓝色、黑色等也有见。当然蓝色的珊瑚也很珍贵，但这种珍贵人们似乎总认为是物以稀为贵，是因为快要灭绝，所以很珍贵，其实从骨子里还是喜欢红色。同样，白色和黑色及其他色彩也是这样，虽然有的价值不菲，但可能永远成为不了市场的主流。这一点无论在古代还是当代都是这样。下面我们具体来看一下：

白珊瑚海蘑菇摆件

1. 商周秦汉珊瑚

商周珊瑚的色彩特征不是很明确。这主要由于该时期墓葬和遗址出土珊瑚的数量比较少所导致，很难研究出商周珊瑚在色彩上的特征，还有待于进一步的考古发现。秦汉时期珊瑚在色彩上显然是以红色为主，墓葬出土的珊瑚，特别是魏晋时期新疆地区出土了不少珊瑚，都证实了这一点。其他色彩的珊瑚应该也有见。这与当时打捞方式有关，大多是使用铁网下海进行打捞，所以打捞上来的珊瑚也不一定都是红色。但其他色彩的珊瑚出土器物却是十分罕见，其原因可能与其硬度有关。红珊瑚硬度基本上达到了 3.5～4，完全可以保存下来。而如果是白色的浅海珊瑚，硬度非常低，那么这样的珊瑚保留下来的可能性不大，所以这也是我们很少见到的原因。

2. 六朝隋唐辽金珊瑚

六朝隋唐辽金珊瑚在色彩上基本是延续前代，以红色为主，兼具其他色彩。我们来看一则实例，六朝珊瑚耳环，M1:29，"红色"（吴勇，1988）。这并不是一个孤例，在尼雅遗址当中还有很多以红色为基调的色彩。其色彩类别已经涵盖了当代人们常用的分类，如阿卡所代表的深红色，莫莫所代表的如桃色的浅红色等。我们再来看一则实例，《晋书·食货志》载："若夫因天而资五纬，因地而兴五材，世属升平，物流仓府，宫闱增饰，服玩相辉，于是王君夫、武子、石崇等更相夸尚，舆服鼎俎之盛，连衡帝室，布金埒之泉，粉珊瑚之树。"可见这是一株粉色的珊瑚树，如果用当代的语言显然就是一件莫莫红珊瑚的摆件。可见在六朝时期人们对于珊瑚的研究更进一步。总之，六朝珊瑚几乎有各种红珊瑚的色彩。隋唐辽金时期珊瑚在色彩上基本延续前代，不再过多赘述。

莫莫红珊瑚随形筒珠

莫莫红珊瑚标本

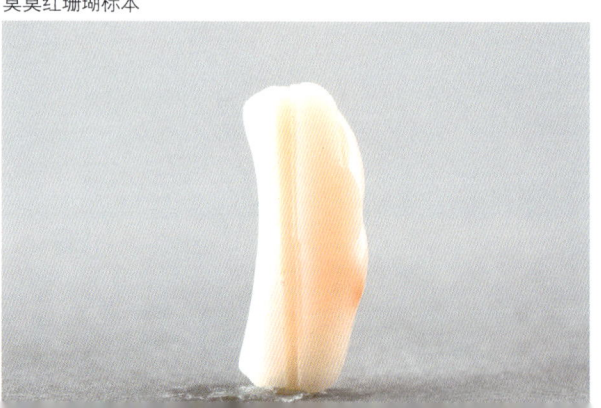

莫莫红珊瑚珠

莫莫红珊瑚筒珠

3. 宋元明清珊瑚

宋元明清珊瑚在色彩上基本上还是延续前代，但是有一定的复杂性。主要还是以红珊瑚为主，我们来看一则实例，明代珊瑚簪，M3∶42，"粉红色"（南京市博物馆，1999）。粉红色实际上就是我们当代莫莫红珊瑚的色彩，可见明代红珊瑚在色彩上的分类已经比较细腻化。我们再来看一则实例，《清史稿·舆服二》皇子亲王福晋以下冠服条载："男夫人朝冠，顶镂花金座，中饰红宝石一，上衔镂花红珊瑚。"可见亲王所使用的是红珊瑚。其实皇帝所使用的也是红珊瑚，如《清史稿·舆服二》皇帝冠服条载："惟祀天以青金石为饰，祀地珠用蜜珀，朝日用珊瑚，夕月用绿松石，杂饰惟宜。"这些珊瑚的色彩也都是红色的。由此可见，宋元明清时期珊瑚色彩基本上是以红色为主。但是有诸多证据显示这一时期的珊瑚并不排斥其他色彩。我们来看一则实例，《明史·南渤利传》载："近山浅水，内生珊瑚树。"按《续文献通考》载："帽山近海水内生黑珊瑚，树大者高二三尺，如墨之黑，如玉之润，有枝婆娑。"文献记述这件黑珊瑚非常清楚，描述珊瑚树比较高，是如何的黑如墨，其实就是夸这件珊瑚在色彩上非常纯正。由此可见，宋元明清时期珊瑚在色彩上的确是比较丰富。但诸色只是配角，真正的主角是红珊瑚，鉴定时应注意分辨。

莫莫红珊瑚玉米穗挂件

莫莫红珊瑚花卉雕件

莫莫红珊瑚筒珠

4. 民国及当代珊瑚

民国及当代珊瑚在色彩上以红色为主。各种各样以红色为基调的颜色，包括伪器也是这样。其他的色彩比较少见，在这里不再赘述。当代珊瑚在色彩上特别丰富，橘红、朱红、正红、深红、黑红、粉红、橘粉、粉白、橘黄、桃红、粉色、大红、红黄、淡红、红褐、橙红、白色、黑色、蓝色等色基本上都有见，可以说在色彩上达到了历代之最，真正是各色珊瑚都有见。这与当代人们打捞珊瑚的技术有关，没有人们打捞不上来的珊瑚色彩。如濒临灭绝的蓝色珊瑚，如果出到足够的价码应该也能找到。但是，在诸多色彩的珊瑚当中人

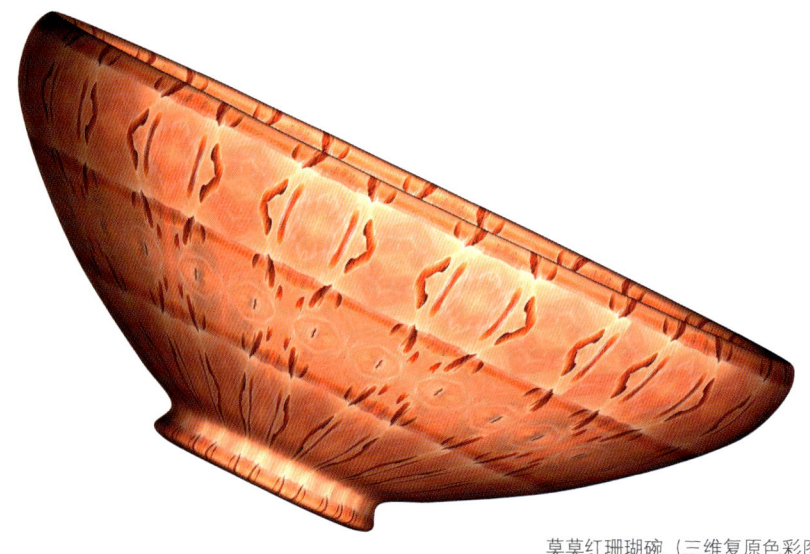

莫莫红珊瑚碗（三维复原色彩图）

莫莫红珊瑚摆件

们唯独喜欢红珊瑚，这一点从市场上珊瑚的数量就可以判断出来。市场上大多数的珊瑚是红色的，而且从珊瑚的等级和价格都可以很容易看到这一点。阿卡红珊瑚的色彩越深越好，浅淡的色彩立刻打入到下一个层次，即莫莫红珊瑚。总之，色彩纯正的红珊瑚可以是三四千元一克，而色彩问题比较大者可能就是几十块钱一克了。由此可见，人们对于红色珊瑚的追求是无止境的，鉴定时应注意分辨。

莫莫红珊瑚筒珠

莫莫红珊瑚花卉雕件

莫莫红珊瑚筒珠

六、功 能

　　珊瑚在功能上的特征比较复杂。总的来看是以陈设装饰的功能为主，实用的功能为辅。我们随意来看一则实例，宋代壁画"西壁门侧各砌一侍女。左侧侍女为头盘髻，着开襟罗衫，外穿短衫，双手持供盘，盘中放珊瑚。面目丰润，目视前方作站立状。右侧侍女为头梳盘髻，着开襟罗衫，外穿短衫。一手持杯，作待侍状。上有流云一朵"（王进先等，1999），这座墓室中的壁画清晰地向我们透露了珊瑚在当时是作为首饰佩戴的功能，为贵妇人佩戴之物。看来不仅仅

莫莫红珊瑚单珠

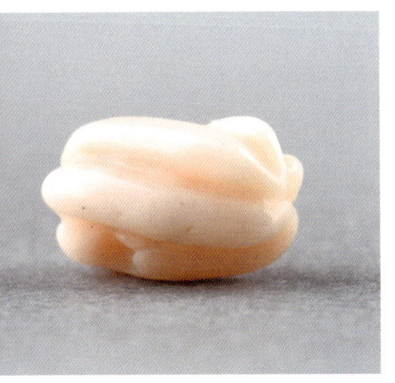

莫莫红珊瑚粉南瓜雕件

莫莫红珊瑚粉色雕花耳钉

莫莫红珊瑚筒珠

是当代珊瑚被人们认为是稀有的有机宝石，而且遥远的古代就是这样。另外，珊瑚还具有多重功能，如明器、首饰、佩饰、陈设器、饰品、财富象征、艺术品等功能。以财富象征的功能为例，在六朝时期石崇与人斗富，使用的就是珊瑚。《晋书·石苞传附子崇传》载："乃命左右悉取珊瑚树，有高三四尺者六七株，条干绝俗，光彩曜日，如恺比者甚众。"由此可见，珊瑚显然是具有财富象征的功能，而且这种象征性的功能比金银等更甚，不然也不会作为一个极端的例子被载入正史。总之，珊瑚在不同的时代里功能有所不同。下面让我们具体来看一下：

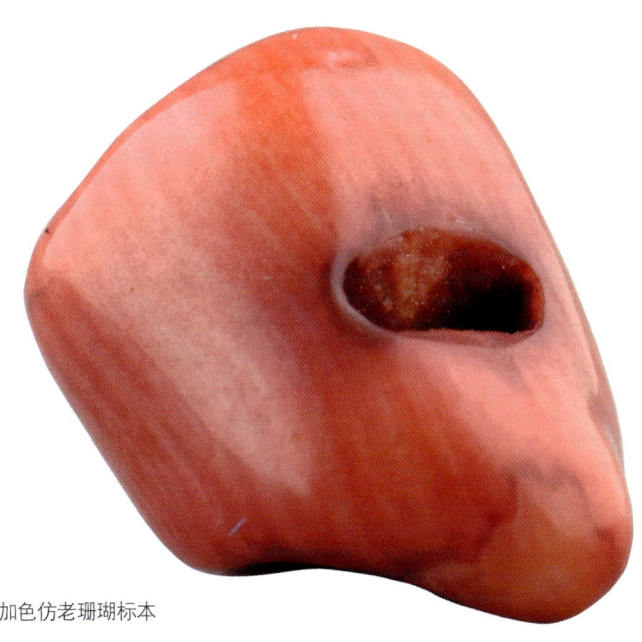

加色仿老珊瑚标本

1. 商周秦汉珊瑚

商周珊瑚由于发现比较少，在功能上特征不是很明显。秦汉时期珊瑚在功能上特征已十分明显。《后汉书·西南夷传·白马氏传》载："珠玉、金碧、珊瑚、虎魄之类。"珊瑚和玉器、珠玉、琥珀等并列，说明珊瑚在秦汉时期已是一种类似珠宝的宝物，而且当时人们对于珊瑚产地等的研究已是比较深入。来看一则文献的记载，《史记·司马相如列传》注引《正义》云："珊瑚生水底石边，大者树高三尺余，枝格交错，无有叶。"这种记载并不是想象的，从现在来看，珊瑚的生长环境就是这样。由此可知，秦汉时期人们对于珊瑚的认识基本与我们当代无异。在具体功能上，如明器、首饰、佩饰、陈设器、饰品等功能，都应该存在。鉴定时应注意分辨。

莫莫红珊瑚碗（三维复原色彩图）

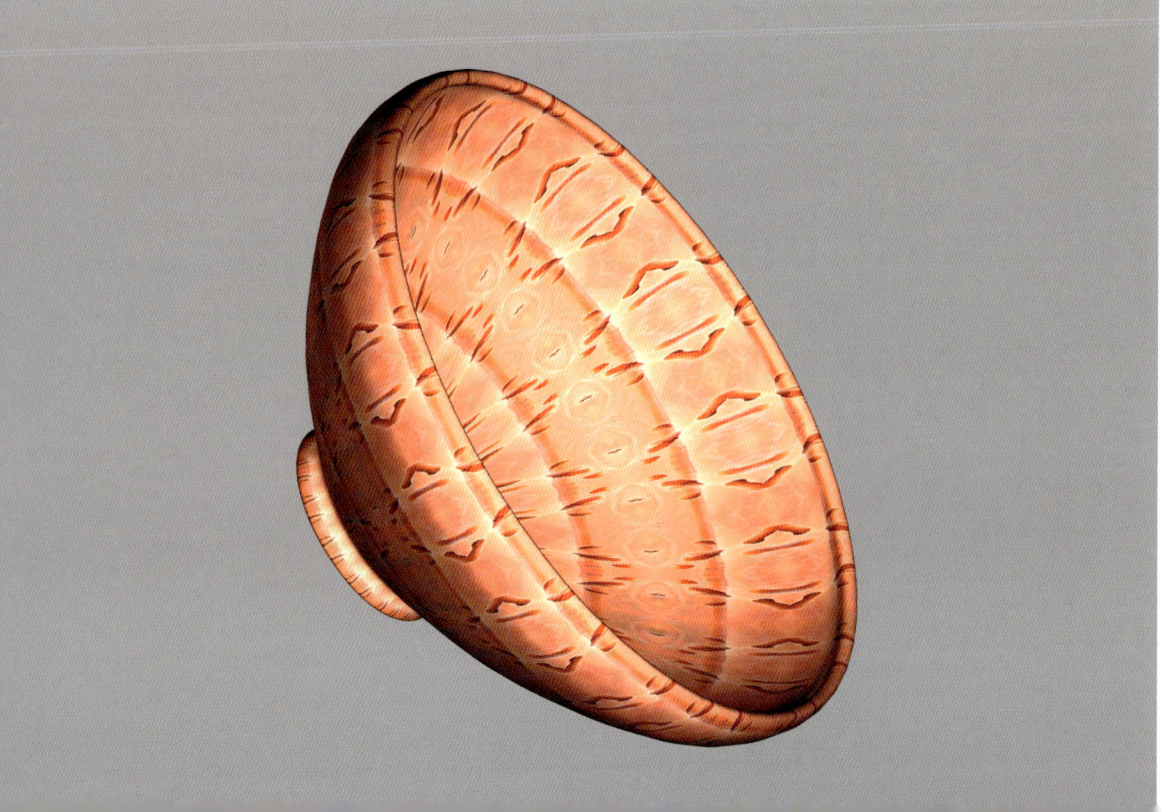

2.六朝隋唐辽金珊瑚

　　六朝隋唐辽金珊瑚在功能上特征很明确，在延续传统的基础上不断增加新的功能。我们来看一则实例，《三国志·吴书·薛综传》载："贵致远珍名珠、香药、象牙、犀角、玳瑁、珊瑚（图243）、琉璃、鹦鹉、翡翠、孔雀、奇物、充备宝玩，不必仰其赋入，以益中国也。"可见珊瑚在三国时期是一种珍稀的物品，正如此例所说的那样是一种奇物和宝玩，人们都非常地喜欢。可见此珊瑚是作为摆件，用于欣赏，但炫富的功能也非常明确。正如此例所述的那样，王君夫、武子、石崇等更相夸尚。从饰品上看，《晋书·顾和传》载："初，中兴东迁，旧章多阙，而冕旒饰以翡翠、珊瑚及杂珠等。"由此例我们很清楚地知道珊瑚在六朝时期很多是作为衣冠上的装饰品存在。实际上六朝时期珊瑚在具体的功能性特征上还有很多，但其本质的功能依然是首饰、珠宝、陈设装饰等，鉴定时应注意分辨。隋唐辽金时期，珊瑚的功能基本延续传统，由于变化并不大，故不再做过多的赘述。

莫莫红珊瑚标本

3. 宋元明清珊瑚

宋元明清珊瑚在功能上特征十分明确，基本上还是以明器、首饰、佩饰、陈设器、饰品等的功能为主，但衍生性的细节功能异常丰富。下面我们具体来看一下：

宋代，珊瑚是一种珍稀的材质，我们来看一则实例，《宋史·食货志下八·互市舶法》载："凡大食、古逻、阇婆、占城、勃泥、麻逸、三佛齐诸蕃并通货易，以金银、缗钱、铅锡、杂色帛、瓷器、市香药、犀象、珊瑚（图244）。"可见珊瑚在宋代是相当珍贵，奇货可居。像这样的例子还有很多，如在外国进贡礼单中常见珊瑚的身影。我们再来看一则实例，《宋史·外国传五·占城传》载："五年，贡琉璃珊瑚酒器、龙脑、乳香、丁香、荜登茄、紫矿。"像这样国外进贡的例子也有很多，可见珊瑚乃世间奇宝的观念在宋代已经深入人心。

莫莫红珊瑚执壶（三维复原色彩图）

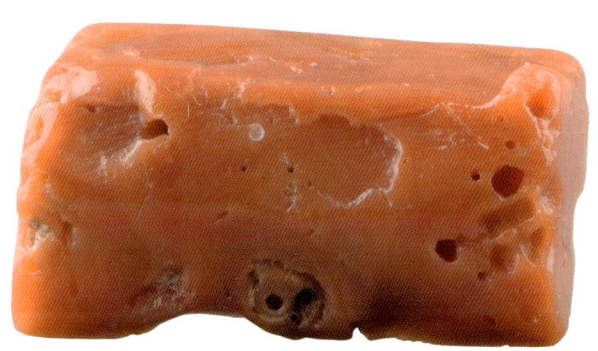

加色仿老珊瑚标本

　　明代，珊瑚基本上继承了奇珍异宝的功能特征，我们来看一则实例，《明史·外国列传七·锡兰山列传》载："所贡物有珠、珊瑚、宝石、水晶、撒哈剌、西洋布、乳香、木香、树香、檀香、没药、硫黄、藤竭、芦荟、乌木、胡椒、碗石、驯象之属。"可见在外国进献的宝物中珊瑚是很重要一种。当然这不是一个孤例，我们再来看一则实例，《明史·西域列传四·天方列传》载："十三年，王写亦把剌克遣使贡马、驼、梭幅、珊瑚、宝石、鱼牙刀诸物，诏赐蟒龙金织衣及麝香、金银器。"由此可见，珍宝的功能延续至明代。从陈设上看，在明代，人们不仅仅是将珊瑚制作成小的首饰来使用，而且也经常是作为陈设器摆放于厅堂之上。我们来看一则实例，《明史·宦官列传一·王振列传》载："振擅权七年，籍其家，得金银六十余库，玉盘百，珊瑚高六七尺者二十余株，他珍玩无算。"可见王振的家中就摆放有珊瑚，而且记载很详细，高六七尺者有二十余株。看来，明代基本上延续自魏晋以来珊瑚陈设装饰、炫富等功能。另外，在明代，珊瑚的用途更为细碎，而且有一定程度的等级观念。我们来看一则实例，《明史·舆服一》序载："其服冕也，或饰翡翠、珊瑚、杂珠。"看来珊瑚在明代已经应用在了冠服之上，而且很多是宫廷内使用。另外，规制还规定了一些细节，如《明史·舆服三》士庶冠服条载："六年令庶人巾环不得用金玉、玛瑙、珊瑚、琥珀。"这是上升到制度上的一种对于珊瑚使用的规制。但显然这一制度所规定的还是比较笼统。总之，珊瑚在明代功能基本延续前代，但在具体的功能上有所发展，特别是规定了一些什么样的人不能使用珊瑚。由此也可见，珊瑚在当时已经是地位的象征。

清代，珊瑚在功能特征上基本也是延续前代。我们来看一则实例，《清史稿·邦交七》义大利条载："康熙九年夏六月，义国王遣使奉表，贡金刚石、饰金剑、金珀书箱、珊瑚树、琥珀珠、伽南香、哆囉绒、象牙、犀角、乳香。"可见国外进贡也是少不了珊瑚这样的珍宝。我们试想一下，意大利使臣将本国出产的珊瑚等珍宝作为国礼进献给以天朝上国自居的大清，可见意大利在当时就是珊瑚的主产地了。再者就是清代珊瑚作为戒指、首饰等的功能进一步增加，但在数量上依然不是很常见，这一点从传世品上也可以看到。另外，清代珊瑚在功能上日渐具体化，将明代象征等级和地位的功能进一步发展。如规定二品以上官员的顶戴必须是红珊瑚质地。我们来看一则实例，《清史稿·世宗本纪》载："冬十月庚子，再定百官帽顶，一品官珊瑚顶，二品官起花珊瑚顶，三品官蓝色明玻璃顶，四品官青金石顶，五品官水晶顶，六品官砗磲顶，七品官素金顶，八品官起花金顶，九品、未入流起花银顶。"由此可见，规定得非常详细，包括珊瑚的品质都是详细规定。总的意思是，好的红珊瑚是一品官用，差一些的二品官员使用。当然，官员使用还不是清代珊瑚使用的最顶峰。实际上在当时，民间珊瑚也很少，主要是宫廷使用，如在冠服等诸多方面都有使用。让我们具体来看一下：

加色仿老珊瑚标本

加色仿老珊瑚标本

《清史稿·舆服二》皇后朝冠条附太皇太后皇太后条载："领约，镂金为之，饰东珠十一，间以珊瑚。"

《清史稿·舆服二》皇贵妃以下冠服条载："金约，镂金云十二，饰东珠各一，间以珊瑚，红片金里。"

《清史稿·舆服二》皇子亲王以下冠服条载："吉服冠，入八分公顶用红宝石，未入八分公用珊瑚，皆戴双眼孔雀翎。"

《清史稿·舆服二》皇子亲王福晋以下冠服条载："和硕额驸吉服冠，顶用珊瑚，戴双眼孔雀翎。"

由上可见，规定相当细，繁缛至极。而如此繁缛的规制，显然是昭示出清代宫廷对于珊瑚珍贵性的充分认可。如果认为是一般的材料显然没有必要做这样或者是那样的规定。总之，清代珊瑚在细节方面的功能化特征还有很多，我们在这里就不再一一赘述。但珊瑚明器、首饰、佩饰、陈设器、饰品等这些传统的功能依然强劲，我们在鉴定时应注意分辨。

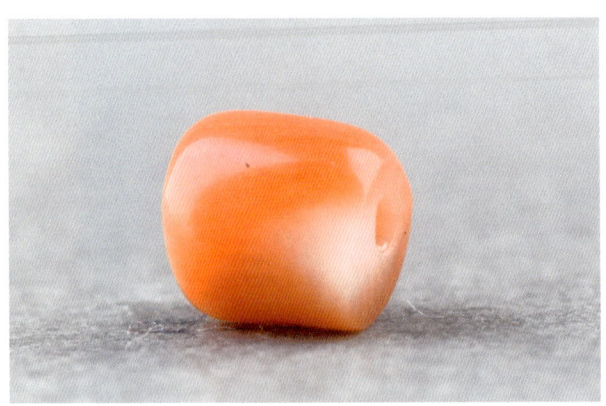

莫莫红珊瑚花卉雕件

莫莫红珊瑚筒珠

4. 民国及当代珊瑚

民国珊瑚在功能上特征十分明确，就是以陈设装饰功能为主。明器的功能基本失去，主要是以传世品为主，以戒指、耳环等首饰为多见。总之，在功能上创新不多见，不再过多赘述。

当代珊瑚制品在功能上特征十分丰富，在延续传统的基础上继续发展。当然，当代珊瑚在功能上不只是延续前代，而且也抛弃了许多已经过时了的功能。如将明器的功能彻底抛弃，另外，如炫富的功能等，还有就是象征等级与地位的功能，像明代那样穷人不准使用珊瑚的禁令，以及清代宫廷不同级别的人使用不同的珊瑚品质等都被抛弃。这些陋俗在我们现在看起来都十分可笑，但本书必须要讲，因为这些功能的确在历史上发生过，而且就是距离我们不远

莫莫红珊瑚仿生动物雕件　　莫莫红珊瑚雕件　　　　　莫莫红珊瑚仿生动物雕件

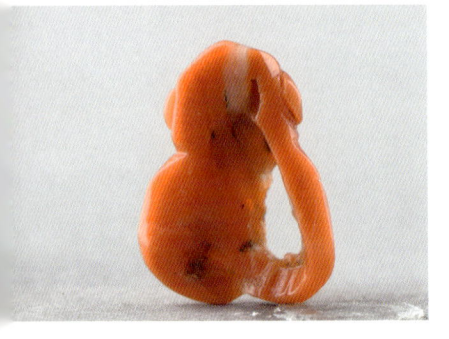

莫莫红珊瑚横截面标本

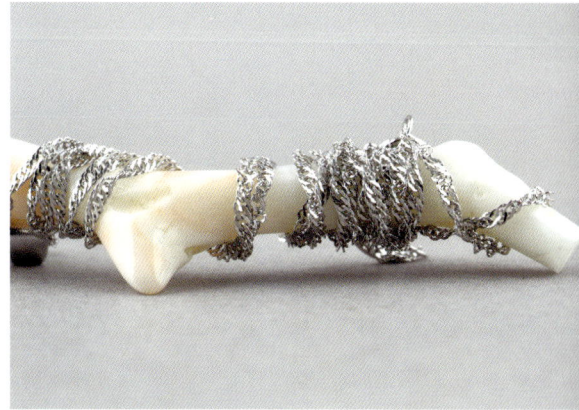

925 银链莫莫红珊瑚粉枝吊坠

的时代。而当代珊瑚在功能上取而代之的是首饰的功能。我们可以看到大量的珊瑚被镶嵌到了戒指、耳环、项链等器皿之上，任何人都可以佩戴。另外，陈设的珊瑚也是有见。如果是高品质，价格上可能都是天价；但一般的珊瑚摆件几乎是很多人都可以买得起。总之，当代珊瑚的功能真正恢复到了其原有的功能，也就是陈设装饰的功能。

莫莫红珊瑚寿星

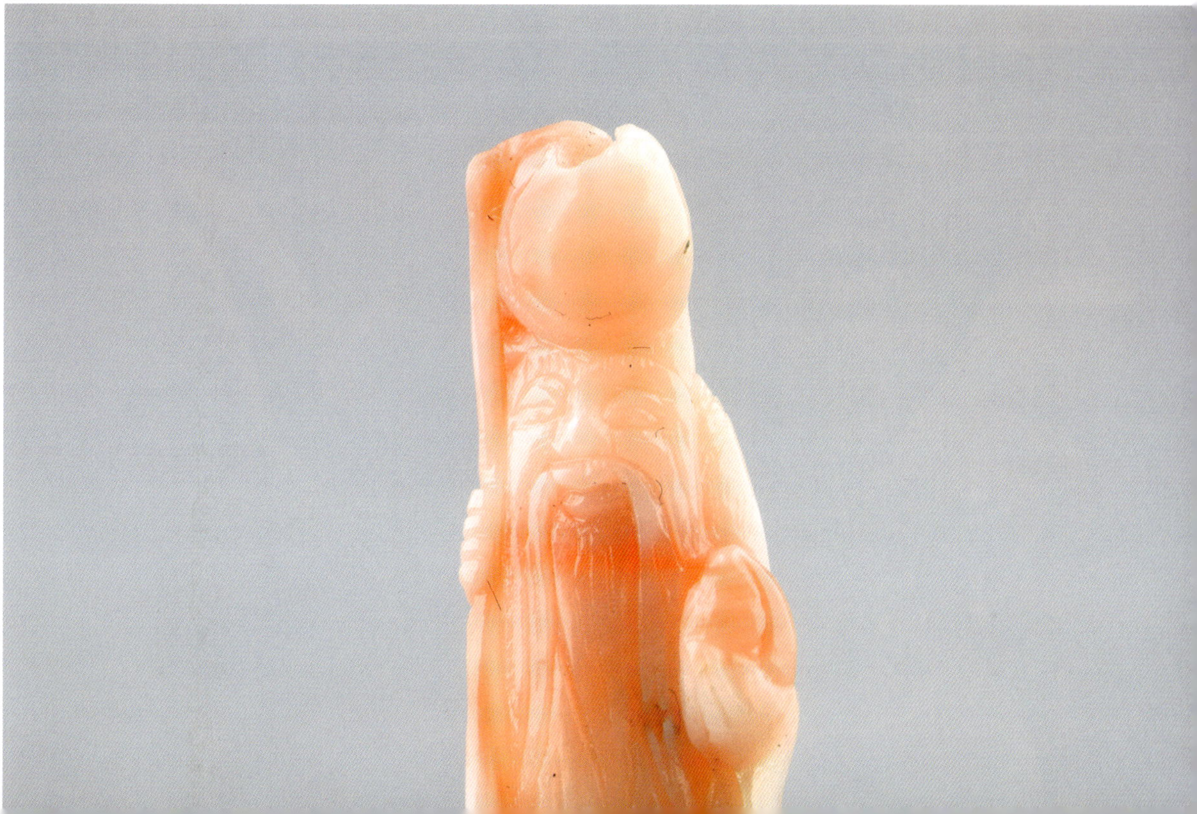

第三章　造型鉴定

阿卡红珊瑚枝

第一节　概　述

　　珊瑚常见的器物及造型主要有，戒指、串珠、项链、手链、珊瑚饰、顶戴珠、佩饰、把件、吊坠、珊瑚树、摆件、元宝、珊瑚管、珊瑚珠、耳环、耳钉、笔架、隔珠、隔片、念珠、佛珠、珊瑚盒、多宝串、佛像等。由此可见，珊瑚的器物造型并不是十分丰富，主要以小件器物珠、管、坠、串等为主，另外就是以随形摆件为多见。这种情况的形成主要是由其原料的稀少性所造成，所以造型只能是在小上见高低。这一点无论历代还是当代都是这样，我们在鉴定时应注意分辨。

925 银链莫莫红珊瑚葫芦吊坠

莫莫红珊瑚元宝

从数量上看，数量即造型在不同时代里出现的频率，反应造型的流行程度。数量对于珊瑚鉴定可以说起着决定性的作用，但珊瑚似乎并没有特别显著的特征。如果说有，就是珠子出现得相对多一些。

从功能上看，造型因需要而产生，因为功能而延续。因此，通常情况下，在功能不变的情况下，器物的造型很难改变。一旦人们不需要它，一种古珊瑚造型很容易就消失掉了。珊瑚造型与功能之间有着一定的关联，珊瑚之所以会出现这样或者那样的造型，显然是由人们的需要所决定的，也就是由其功能所决定。如顶珠的使用清代有，而现在没有了。而这种消失显然是人们不再需要顶珠。像类似的情况还有很多，我们在鉴定时应注意分辨。

莫莫红珊瑚筒珠

莫莫红珊瑚花卉雕件

莫莫红珊瑚珠

　　从规整上看，珊瑚造型在规整程度上通常比较好，多是造型隽永之器。即使一个珠子都是精打细琢磨，造型圆度规整，精美绝伦。这显然是由于材质太过于珍贵了，于是人们在做工上自然也是十分认真，无论古代还是现代都是这样，鉴定时应注意分辨。

　　从具体的形制上看，珊瑚的形制主要有两种：一种是自身的形状，主要以树枝形为主，但蘑菇形、鹿角形、鞭形、盘子形、笙状、柱形、蜂窝形、火焰形、圆块形、花朵形、扇子形等也都有见。另外一种是珊瑚制品的形制，如珠形、管形、圆形、方形、扁圆形、椭圆形等。

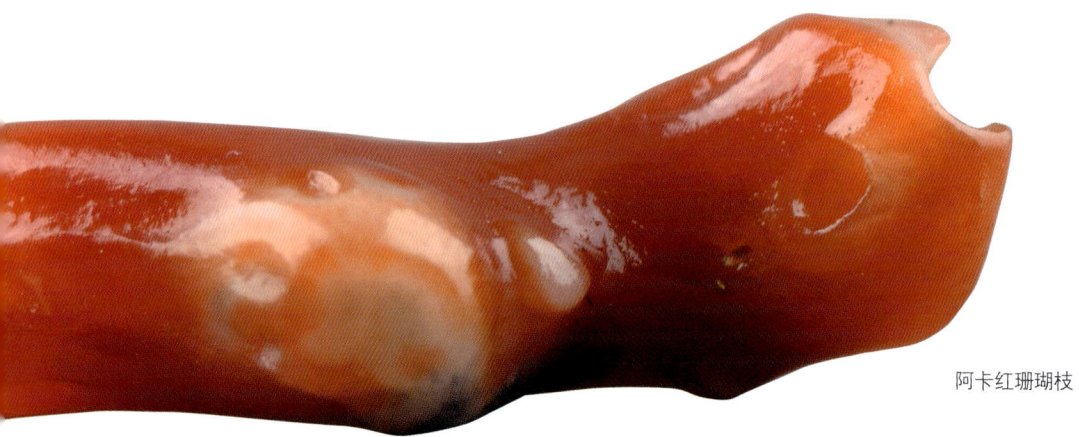

阿卡红珊瑚枝

莫莫红珊瑚粉南瓜雕件

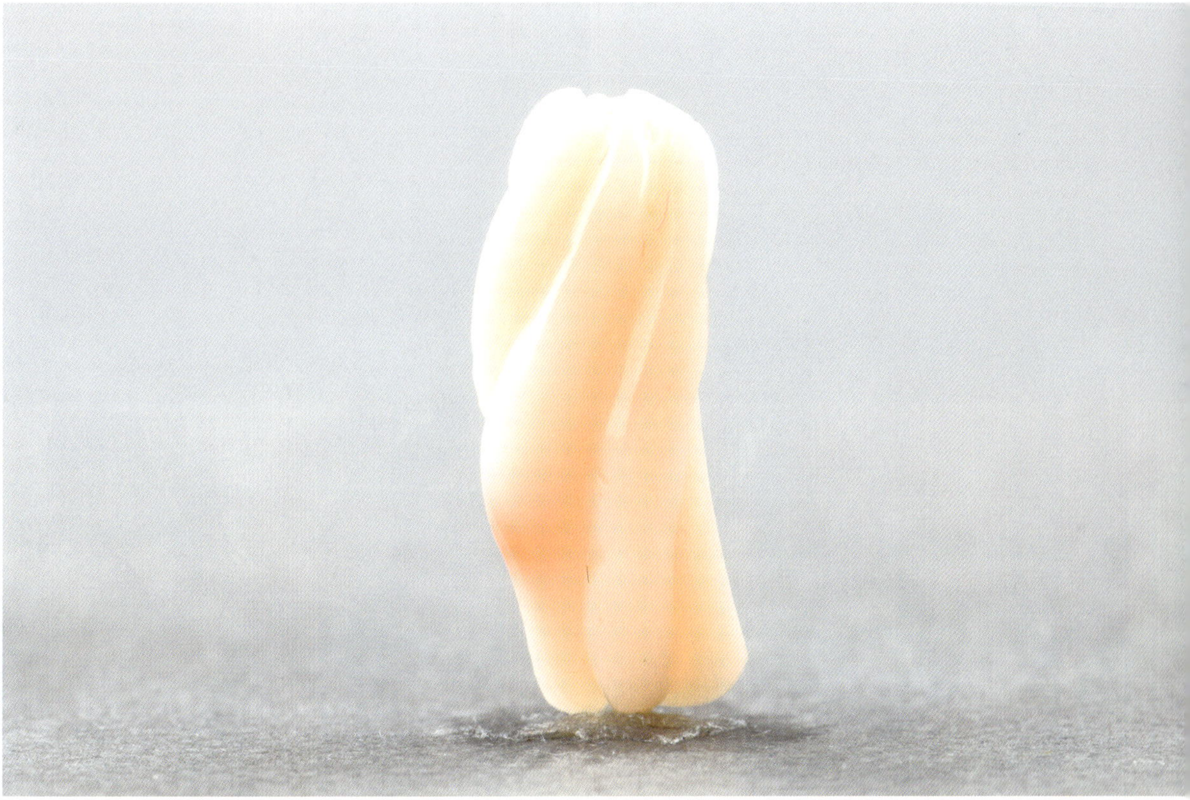

莫莫红珊瑚执壶（三维复原色彩图）

莫莫红珊瑚珠

第二节　造型鉴定

一、珠 子

　　珊瑚当中球形的造型最为常见。大多数珠子的形状是球形，人们根据珊瑚枝杈的粗细，将珊瑚截断，之后磨制成大小不一的珠子，中间打孔后用绳子穿起来，成为串珠、手链、项链等装饰品。从时代上看，早在汉代就有见珠子的造型。我们来看一则实例，东汉珊瑚项珠，"珠粒大小不一"（新疆维吾尔自治区博物馆，1960）。不过当时的珠子很少见真正球体的造型，多数是视觉意义上的球形，以视觉为判断标准。由于球形的技术含量比较高，所以真正球形的珠子并不是特别的多。也有见算珠形的珠子，圆润、漂亮，受到很多人的喜爱。所以珠子的造型其实多样化了，而并非仅仅是圆球形。如我们当代很流行的筒珠等也都属于珠子的造型。六朝隋唐时期球形的珠

925 银链莫莫红珊瑚球吊坠

925 银链莫莫红珊瑚球吊坠

子也是比较常见。我们来看一则实例，《南齐书·舆服志》载："魏明帝好妇人饰，改以珊瑚珠。"同时《晋书·顾和传》也提到："初，中兴东迁，旧章多阙，而冕旒饰以翡翠、珊瑚及杂珠等。"可见在当时珊瑚珠是非常的流行，应该是圆珠、筒珠、算盘形等各种珠子的造型都有见，弧度圆润，造型隽永，我们在鉴定时应注意分辨。隋唐五代时期珠子也是非常流行，不仅仅是用于人们喜欢的把件和饰品，而且应用在礼仪等多方面，基本上是延续六朝之特征。辽金宋元时期基本上也是这样，圆珠、筒珠、算盘形珠等各种珠子的造型兼具，在珠子的造型上也是延续前代，过多不再赘述。明清时期珊瑚珠较之前代更为兴盛，我们来看一则实例，《明史·外国列传七·古里列传》载："所贡物有宝石、珊瑚珠、琉璃瓶、琉璃枕、宝铁刀、拂郎双刃刀、金系腰、阿思模达涂儿气、龙涎香、苏合油、花毡单、伯兰布、苾布之属。"进贡的珊瑚直接就是加工好的珠子造型，可见珊瑚珠在明代的流行。清代珊瑚珠子更胜一筹，大量的朝珠是用珊瑚制作。我们来看一则实例，《清史稿·高宗本纪六》载："癸未，再赏福康安、海兰察紫缰、金黄辫珊瑚朝珠及福康安金黄腰带。"官员头上的顶戴珠子是用珊瑚制作，加上项链、手串等，珠子的数量可以说是达到了一个新高。《清史稿·舆服二》皇贵妃以下冠服条载："朝服朝珠三盘，蜜珀一，珊瑚二。"另外，从具体的造型上看，清代的这些珊瑚珠在造型上以球形为主，其他的造型为辅。民国时期珊瑚珠

莫莫红珊瑚算珠

在造型上基本延续清代，在珊瑚制品中，珊瑚珠的数量也是比较高。当代珊瑚珠在数量上达到了新高，可以说出现了比任何一个时代都多的珊瑚珠子，或者是各个时代珊瑚珠子之总和的量。这主要得益于当代珊瑚的原料比过去丰富，打捞技术的发展是以往历代所不能想象的。其次，当代机械打磨也是古代所不可想象的，可以在很短的时间内集约型规模化地进行打磨，极大地提高了生产效率。从造型上看，当代珊瑚珠子的造型十分丰富，扁圆形珠、算盘形珠、球形珠、筒形珠等都有见，制作了大量的串珠、手链、项链、挂件等。之所以会出现如此众多的珠子造型，显然与当代的技术也有关系。对

莫莫红珊瑚单珠

莫莫红珊瑚单珠

莫莫红珊瑚筒珠

莫莫红珊瑚珠

于当代任何一种珊瑚珠的打磨其实都可以做到全机械化，或者是半机械化。像圆珠几乎可以做到全部机械化的打磨，因此，当我们进入到珊瑚店铺当中，简直就是一个珠子的海洋。以往人们所朝思暮想的珊瑚世界终于在当代实现了。总之，珊瑚珠的造型无疑在珊瑚造型中占有相当重要的地位，我们在鉴定时应注意分辨。

莫莫红珊瑚随行珠

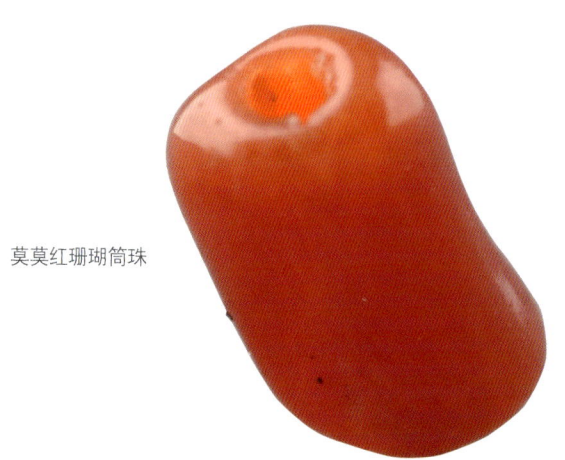

莫莫红珊瑚筒珠

二、圆柱形

　　圆柱形的造型在珊瑚中常见。圆柱体是立方体的水平旋转，这种造型实际上也是珊瑚本体造型的一部分，所以很多装饰品也就是借着珊瑚的形状而成形，特别是在早期珊瑚之上常见。我们来看一则实例，六朝珊瑚耳环，M1：29，"柱状"（吴勇，1988）。这种造型在六朝时期还是比较常见，这并不是一个孤例。当然，六朝时期的柱状造型显然并不是真正意义上的几何造型，而是以视觉为判断标准，偏扁圆一些的，或者是只要看起来像是圆柱体的，我们一般都将其归入这一类。宋元明清时期圆柱形造型增加许多，可以说是经常看到。直至当代，圆柱形的造型数量都比较常见。

莫莫红珊瑚筒珠

莫莫红珊瑚筒珠

莫莫红珊瑚筒珠

当代，圆柱形的珊瑚通常较为规整，比较常见的器物如筒珠，还有就是各种串珠、项链、手串等，很多是用这样的圆柱体来穿系的。单珠佩戴的情况也有见，挂件也是十分常见。由此可见，圆柱形的珊瑚造型无论是古代还是在当代都是非常的流行。从做工上看，早期不规整的情况严重一些，但随着时代的发展而减轻，直至当代，珊瑚在圆柱形的造型上近乎标准，圆度规整，这一点我们在鉴定时应注意分辨。

莫莫红珊瑚筒珠

莫莫红珊瑚筒珠

莫莫红珊瑚筒珠

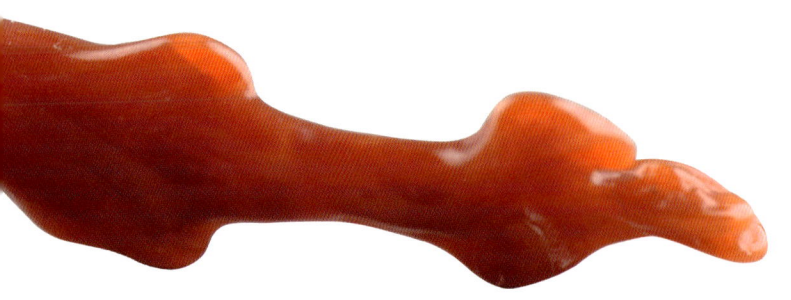

沙丁红珊瑚枝

三、树枝形

树枝形是阿卡红珊瑚等诸多树状珊瑚的本色，生来就是这样。这种造型主要是作为摆件使用。人们对于本色的造型也最为倾倒，而这种欣赏不分古人和当代人。其实古人和当代人在欣赏美的能力上几乎都是相同的。古人对于珊瑚树的记载最多，《后汉书·班彪传附子固传》载："于是玄墀扣切，玉阶彤庭，碝磩采致，琳珉青荧，

阿卡红珊瑚枝

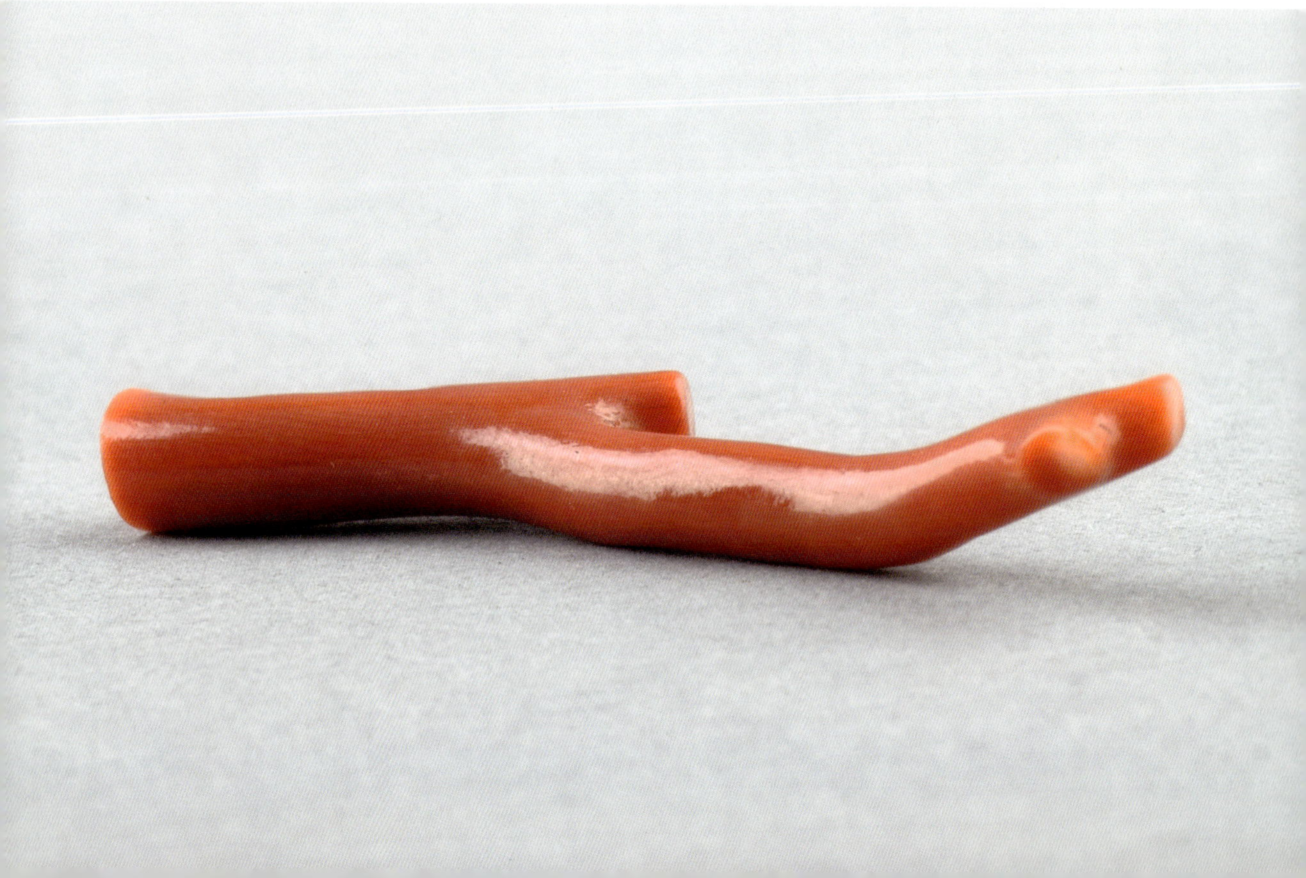

925 银链莫莫红珊瑚粉枝吊坠

阿卡红珊瑚枝

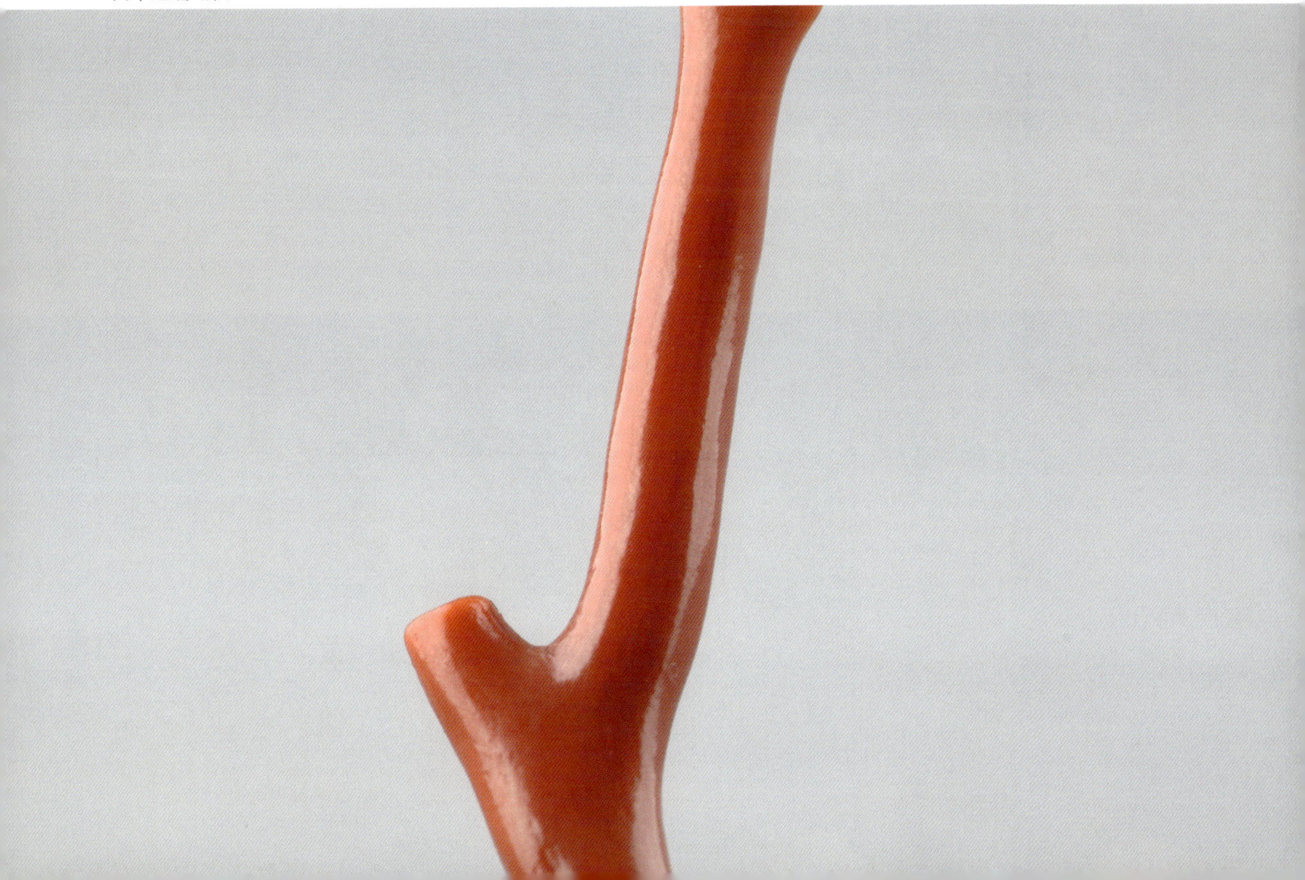

珊瑚碧树，周阿而生。"可见在汉代，人们就将珊瑚树用来作为陈设装饰品欣赏。再来看六朝时期，《宋书·刘勔传》载："勔既至，率军进讨，随宜翦定，大致名马，并献珊瑚连理树，上甚悦。"可见这是一株连理树，也就是比较奇特的珊瑚树。看来，在古代人们已经认识到这种枝杈形的珊瑚品质最高。在当代也是这样，因为枝杈形的珊瑚树基本上指的就是阿卡红珊瑚，硬度、比重等各方面都达标，只是我们和古人描述用词不一样而已。可想而知，六朝时期人们打捞上来这样的珊瑚树并不容易。根据记载，是要有经验的渔人驾船出海将铁笼子放到海底，碰运气式的打捞珊瑚。其间经历怎样的艰辛，可以想象。所以，珊瑚树在古代几乎被认为是最为珍贵的奇珍异宝，并具有相当的神秘性。从时代上看，各个时代都有对珊瑚树的记载，《明史·西域列传四·哈烈列传》载："土产白盐、铜铁、金银、琉

925 银链莫莫红珊瑚粉枝吊坠

阿卡红珊瑚枝

璃、珊瑚、琥珀、珠翠之属。"可见，在明代珊瑚树依然是稀罕之物，被人们用来进贡之用。关于珊瑚树的体积，我们来看一则实例，《梁书·西北诸戎传·波斯传》载："咸池生珊瑚树，长一二尺。"该实例对于珊瑚树的体积描述相当清晰，高是一二尺。我们再来看一则实例，《明史·外国列传六·南渤利列传》载："近山浅水内，生珊瑚树，高者三尺许。"另外，《明史·外国列传七·阿丹列传》载："永乐十九年，中官周姓者往，市得猫睛，重二钱许，珊瑚树高二尺者数枝，又大珠、金珀、诸色雅姑、异宝、麒麟、狮子、花猫、鹿、金钱豹、驼鸡、白鸠以归，他国所不及也。"通过众多文献的记载，我们可以看到树枝形的珊瑚在高度特征上基本就是高不过三尺，这与当代打捞的名贵珊瑚大小基本相当。由此可见，古文献的记载有的时候也是相当准确。所以，高水平的鉴定一定要像王国维先生所倡导的那样，使用地上文献和地下文物结合两重证据法。当然，对于珊瑚而言还需要对比当代珊瑚，这一点我们在鉴定时应注意。

长方形莫莫红珊瑚雕件

四、长方形

　　长方形的珊瑚比较常见，在吊坠、戒面、
耳环、项链、长方形的管等诸多造型上都有使用。
但长方形只是一种形制，而不是一种具体的造型。
从具体造型上看，所谓长方形的造型实际上多数不是
几何意义上的，而是视觉上的。如戒面的造型，通常情况下四个角
都不是 90° 的，而是有弧度的。不同的戒面，弧度也不同，对于长
方形的管等也是这样。从规整程度上看，当代长方形的造型也有见
这种情况，因为如果用电脑进行操作切割的话，长方体的造型可以

长方形莫莫红珊瑚摆件

长方形莫莫红珊瑚摆件　　　　　　　　　　　　　　长方形莫莫红珊瑚摆件

是准确的。但这只是理论上的，通常情况下都有些弧度，这样比较美观。另外在当代也有见手工制作的情况，手工制作的长方形与古代极为相似，我们要注意相互参考。从时代上看，各个时代都有长方形造型，但显然长方形的造型在数量上不及圆球形多见，应该为辅助的造型，特别在古代是这样的。商周秦汉珊瑚制品长方体者有见，但主要以串饰的组件为主。六朝隋唐辽金珊瑚在长方形的造型上延续传统，如管、项链、手链、挂件等上面都常见长方体的造型。宋元明清珊瑚之上长方形的各种造型都有见，如戒指等也都比较常见。民国时期在长方体的造型上基本延续明清，没有过多的创新。当代珊瑚长方形的造型十分常见，几乎囊括了历史上所有出现过的器物造型，而且从数量上看，也是非常多，达到历史之最。长方形简洁、大方，可以比较直观地表现珊瑚的特征。

长方形莫莫红珊瑚摆件

五、扁圆形

珊瑚扁圆形的造型十分常见，涉及的器物也比较丰富，如串珠、单珠、吊坠、耳坠、挂件、戒面等都常见。就其造型本身而言，扁圆形珠子其实是由圆形演变而来，就是较薄的圆形。当然理论上是这样的，但是从珊瑚珠子的造型上来看却并不是几何意义上的，而是视觉上的概念。如管常见有扁圆形的造型，但多数是腹部扁圆形，有的还略有些上鼓，串珠、挂件等基本上都是这样的特征。从数量上看，扁圆形的造型在具体的器物造型当中并不是很常见，如珊瑚管的造型在珊瑚中数量并不常见。从规整程度上看，扁圆形的珊瑚造型在规整程度上大多是圆度规整，非常的漂亮。不过，早期还是

莫莫红珊瑚摆件

莫莫红珊瑚摆件

莫莫红珊瑚摆件

略有问题，随着时代的发展越来越好。特别是
到了当代，基本上没有太大的问题，我们在鉴
定时应注意分辨。从时代上看，商周秦汉珊瑚
当中扁圆形的造型有见，但主要以串珠类为主，
造型规整，弧度圆润，不过总量很少。六朝隋唐
辽金珊瑚中扁圆形的造型有见，但数量有限。宋元明
清珊瑚扁圆形的造型有见，弧度圆润，造型规整，数量逐
渐增加。民国时扁圆形的珊瑚有见，如戒面有许多就是扁圆形的，
但特征基本上与清代相当，没有太大的变化。当代珊瑚在扁圆形的
造型上应用可以说达到了历史之最。一是数量上最多；二是造型细
微的变化比较丰富；三是所涉及的器物造型丰富，在机械化工艺下，
造型变得十分规整，鉴定时应注意分辨。

莫莫红珊瑚摆件

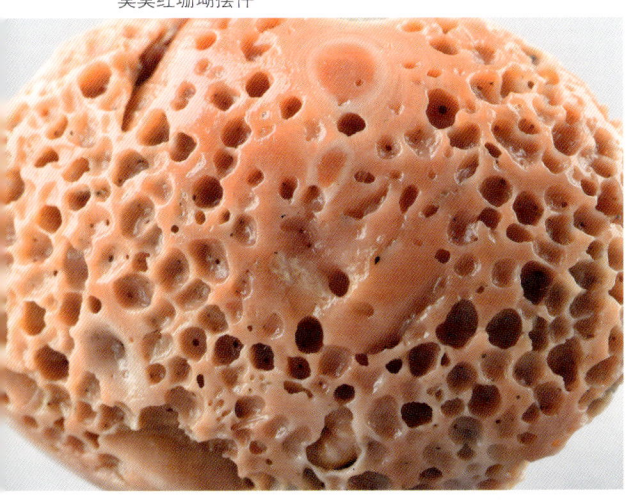

莫莫红珊瑚摆件

莫莫红珊瑚摆件

莫莫红珊瑚花卉雕件

鞭形阿卡红珊瑚枝

六、鞭 形

鞭形往往是珊瑚的一种原生状态，有的时候人们直接使用这种鞭形的珊瑚作为随形摆件。我们来看一则实例，《晋书·吕纂载记》载："即序胡安据盗发张骏墓，见骏貌如生，得真珠簏、琉璃榼、白玉樽、赤玉箫、紫玉笛、珊瑚鞭、马脑钟，水陆奇珍不可胜纪。"很明显这里珊瑚鞭指的是一种器物，而不是珊瑚的原生状态。因为珊瑚鞭是和白玉樽、赤玉箫、紫玉笛放在一起，而不是和白玉原石等放在一起。可见，人们很早就开始利用珊瑚这种鞭形的形状。从时代上看，不仅仅是六朝时期有这种造型的珊瑚，隋唐五代及宋元时期应该都有见，只是考古没有发现出土而已。直至明清时期这种造型都是十分常见，我们再来看一则实例，《清史稿·乐志》载："珊瑚鞭，玛瑙勒，靡丽非常。"由此可见，鞭形的珊瑚应该是人们较为熟悉的造型。但是这里的鞭形含义比较模糊，有可能是指珊瑚的原形是鞭形，也有可能是指珊瑚制品是鞭形。我们在鉴定时不要受到这些因素的干扰，因为无论哪一种情况，鞭形的造型在中国古代都十分兴盛。当代珊瑚在鞭形上也是比较常见，多是利用鞭形的珊瑚原材料稍作设计而成的产品，以巧雕为主，鉴定时应注意分辨。

鞭形莫莫红珊瑚粉枝

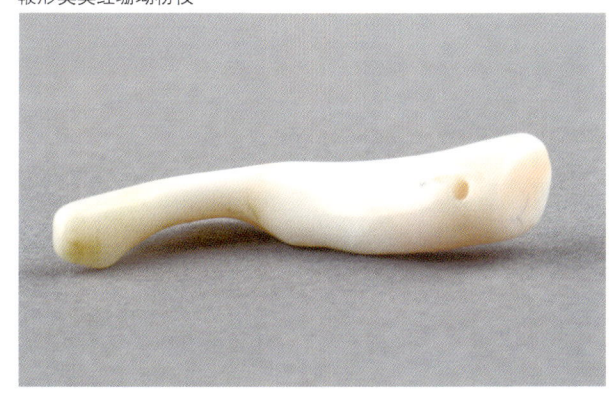

鞭形 925 银链莫莫红珊瑚粉枝吊坠

莫莫红珊瑚花卉雕件

七、椭圆形

　　椭圆形的造型在珊瑚中较为常见。主要以戒指、耳钉、串珠、手链、项链、挂件、吊坠等为多见，特别是以戒面为多见。通常是视觉意义上的概念，以视觉为判断标准，鉴定时应注意分辨。从椭圆形造型的本身来看，非常适合人们的视觉审美习惯，这一点毋庸置疑。弧线走椭圆，古人很早就使用椭圆形的造型。六朝隋唐辽金珊瑚常见，椭圆形的造型比较规整，弧度圆润，主要以管等为常见，串珠也有见。宋元明清珊瑚在造型上也是比较常见，特别是明清时期椭圆形的珊瑚常见。椭圆形的造型在当代特别盛行，在珊瑚上的应用非常广，如戒指、耳钉、串珠、手链、项链、挂件、吊坠等都常见，可谓是集大成者。只是大器很少，基本上是以小器为主。当然，古代椭圆形的珊瑚也是这样。从规整程度上看，当代珊瑚椭圆形的造型多数为机制，在规整程度上比较好，多数接近几何意义上的椭圆形，程式化特征明显；只有少量为纯手工制作，极有收藏价值。鉴定时应注意分辨。

椭圆形莫莫红珊瑚雕件

莫莫红珊瑚雕件

八、方 形

方形在珊瑚上的应用比较广泛，中国天圆地方的概念自古就有。但是我们知道，这与珊瑚原形不是很相符，因为珊瑚的原生状态多是树枝形，局部也就是圆柱形的比较多，所以方形珊瑚必须是经过人工打磨制作而成，也就是说真正的珊瑚制品，有很高的创意在里面。这种情况其实在早期珊瑚当中不是非常流行，直至明清时期方形的造型才慢慢流行起来，造型以戒面、吊坠、方管等为主，从出现的频率上看，以戒面为最多。从具体的造型上看，珊瑚的方形造型其实是视觉意义上的概念，并不是几何意义上的正方形。如戒面的四角多是有弧度的，吊坠也是这样，珠子基本上也是这样，而且是弧度自然。这样判断的标准就交给了我们的视觉，这一点我们在鉴定时应注意分辨。当代方形造型珊瑚应用最广，数量也最为丰富，几乎是前代方形造型的总合，这与当代珊瑚在制作方法上的机械化有关。机械化的操作客观上将珊瑚切割成为方形比较简单，这极大地促进了方形在珊瑚上的应用，鉴定时应注意分辨。

莫莫红珊瑚元宝

椭圆形莫莫红珊瑚雕件

第四章 识市场

第一节 逛市场

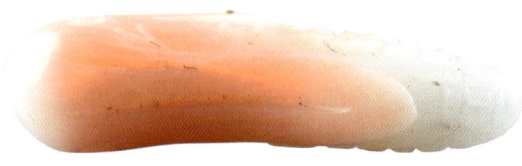

莫莫红珊瑚玉米穗挂件

一、国有文物商店

国有文物商店收藏的珊瑚，具有其他艺术品销售实体所不具备的优势：一是实力雄厚；二是古代珊瑚数量较多；三是中高级专业鉴定人员多；四是在进货渠道上层层把关；五是国有企业集体定价，价格不会太离谱。所以国有文物商店是我们购买珊瑚的好去处。基本上每一个省都有国有的文物商店。下面我们具体来看一看表 4-1。

925 银链莫莫红珊瑚葫芦吊坠

莫莫红珊瑚筒珠

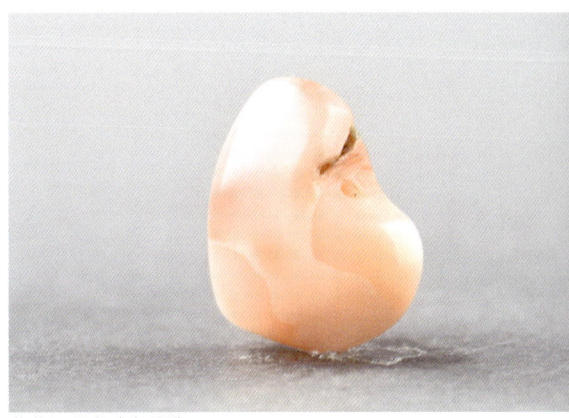

莫莫红珊瑚鸡心吊坠

表 4-1　国有文物商店珊瑚品质优劣表

名称	时代	品种	数量	品质	体积	检测	市场
珊瑚	高古	极少	极少	优／普	小器为主	通常无	国有文物商店
	明清	稀少	少见	优／普	小器为主	通常无	
	民国	稀少	少见	优／普	小器为主	通常无	
	当代	较多	较多	优／普	大小兼备	有／无	

莫莫红珊瑚碗（三维复原色彩图）

莫莫红珊瑚横截面标本

莫莫红珊瑚花卉雕件

由表 4-1 可见，从时代上看，国有文物商店古代珊瑚有见，主要以明清时期为主，早期珊瑚很少见。而我们知道，珊瑚制品早在新石器时代就有见，汉唐时期就比较流行了，但是文物商店内很少见到。只有明清及民国时期珊瑚传世品比较多，所以比较常见。当代珊瑚在国有文物商店多见，达到了鼎盛，各种品质的珊瑚都有见。从品种上看，古代珊瑚品种没有当代齐全，直至民国时期都是这样，如红珊瑚、粉红、桃红、白色等珊瑚品种等都有见。而当代珊瑚在品种上比较齐全，而且等级划分得比较细致，如红珊瑚可以分为阿卡红珊瑚、莫莫红珊瑚、沙丁红珊瑚等。从数量上看，国有文物商店内的珊瑚古代极为少见，一些明清民国时期的珊瑚有见，但数量也是比较少。

当代珊瑚比较常见，但也不是要多少有多少，数量还是有限。从品质上看，古代珊瑚在品质上较为优良，但普通的品质也是常见。明清时期也是优良者有见，普通者也有见，但粗糙者很少见。民国时期基本延续清代。当

阿卡红珊瑚碗（三维复原色彩图）

925 银莫莫红珊瑚加色雕花耳钉

925 银链莫莫红珊瑚吊坠

代基本上是以精致珊瑚为主，普通和粗糙者都很少见。从体积上看，国有文物商店内的珊瑚各个历史时期都是以小器为主，只是到了当代有少量的大器，可以勉强说是大小兼备。从检测上看，古代珊瑚通常没有检测证书等，明清和民国都是这样；当代珊瑚基本都有检测证书，这与珊瑚的贵重性有关，但检测并不能确定其优良的程度。

沙丁红珊瑚枝

莫莫红珊瑚执壶（三维复原色彩图）

二、大中型古玩市场

大中型古玩市场是珊瑚销售的主战场，如北京的琉璃厂、潘家园等，以及郑州古玩城、兰州古玩城、武汉古玩城等都属于比较大的古玩市场，集中了很多珊瑚销售商。像北京的报国寺只能算作是中型的古玩市场。下面我们具体来看一下表4-2。

表4-2　大中型古玩市场珊瑚品质优劣表

名称	时代	品种	数量	品质	体积	检测	市场
珊瑚	高古	极少	极少	优／普	小	通常无	大中型古玩市场
	明清	较多	少见	优／普	小器为主	通常无	
	民国	较多	少见	优／普	小器为主	通常无	
	当代	少	多	优／普	大小兼备	有／无	

莫莫红珊瑚摆件

莫莫红珊瑚执壶（三维复原色彩图）

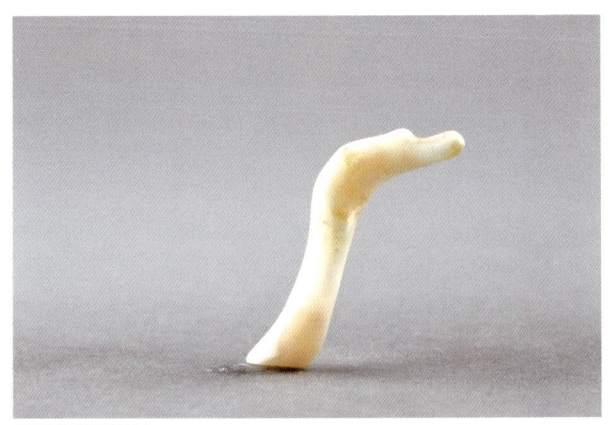

莫莫红珊瑚粉枝

加色仿老红珊瑚执壶（三维复原色彩图）

　　由表 4-2 可见，从时代上看，大中型古玩市场内的珊瑚各个时代都有见，只是古董珊瑚比较稀少，以当代珊瑚为最常见。从品种上看，珊瑚在古代比较单一，明清民国时期比较多，各种色彩的珊瑚都有见，包括一些浅海的珊瑚；而当代珊瑚的种类越来越集中，主要集中在了红珊瑚之上。从数量上看，早期珊瑚在文物商店内出现数量极少，主要以明清及民国时期有见；当代珊瑚比较多，一些门店甚至在批发珊瑚。从品质上看，珊瑚在品质上无论是古代还是当代均以优良为主，普通者亦有见。从体积上看，大中型古玩市场内的珊瑚主要以小件为主；当代偶见有珊瑚体积大者。从检测上看，古代珊瑚进行检测的很少见，检测以当代珊瑚为主。

莫莫红珊瑚摆件

莫莫红珊瑚碗（三维复原色彩图）

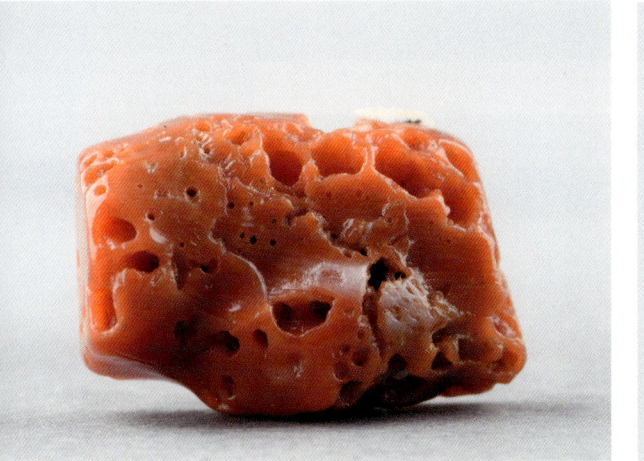

莫莫红珊瑚寿星

三、自发形成的古玩市场

这类市场三五户成群，大一点几十户。这类市场不很稳定，有时不停地换地方，但却是我们购买珊瑚的好去处。我们具体来看一下表 4-3。

表 4-3　自发古玩市场珊瑚品质优劣表

名称	时代	品种	数量	品质	体积	检测	市场
珊瑚	高古						
	明清	较多	少见	普／劣	小器为主	通常无	自发古玩市场
	民国	稀少	少见	普／劣	小器为主	通常无	
	当代	少	多	优／普	大小兼备	有／无	

莫莫红珊瑚观音

莫莫红珊瑚碗（三维复原色彩图）

莫莫红珊瑚执壶（三维复原色彩图）

　　由表 4-3 可见，从时代上看，自发形成的古玩市场古董级珊瑚很少见，主要以明清民国时期为主；而当代珊瑚特别多见。从品种上看，早期珊瑚品种单一；但明清和民国时期品种多见；当代珊瑚基本上以红珊瑚为主。从数量上看，明清民国都很少见；主要以当代为多见。从品质上看，明清和民国时期，普通和恶劣的情况都有见，精致者为多见；当代主要以优良料和普通者为主，过于差的料很少见。从体积上看，明清及民国基本以小器为主，当代也是以小器为主。从检测上看，这类自发形成的小市场上，基本上没有检测证书，全靠眼力。

莫莫红珊瑚随形珠

阿卡红珊瑚枝

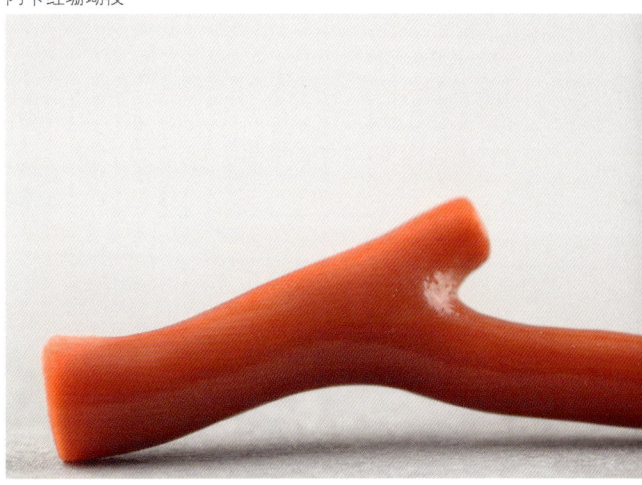

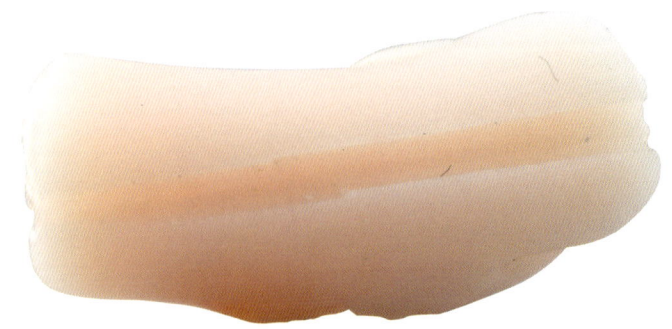

莫莫红珊瑚粉色南瓜雕件

四、大型商场

大型商场内也是珊瑚销售的好地方。因为珊瑚本身就是奢侈品，同大型商场血脉相连。大型商场内的珊瑚琳琅满目，各种珊瑚应有尽有，在珊瑚市场上占据着主要位置。下面我们具体来看一下表4-4。

表 4-4 大型商场珊瑚品质优劣表

名称	时代	品种	数量	品质	体积	检测	市场
珊瑚	高古						大型商场
	当代	少	多	优	小器为主	有	

莫莫红珊瑚吊坠

莫莫红珊瑚算珠

莫莫红珊瑚仿生动物雕件

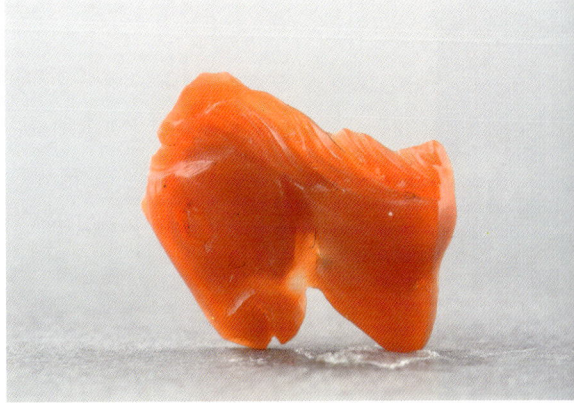

莫莫红珊瑚马头

由表 4-4 可见，从时代上看，大型商场内的珊瑚主要以当代为主，古代基本没有。从品种上看，商场内珊瑚的种类很少见，主要以红珊瑚为主，其他色彩的珊瑚只是有见，但数量几乎可以忽略不计。从数量上看，珊瑚量比较多，并不缺货。从品质上看，大型商场内的珊瑚品质有保证，阿卡红珊瑚、莫莫红珊瑚、沙丁红珊瑚等应有尽有，以优质为主。从体积上看，大型商场内的红珊瑚主要以小件为主，大件很少见。从检测上看，大型商场内的珊瑚多数经过检测，有检测证书，在真伪上可以保障。

莫莫红珊瑚执壶（三维复原色彩图）

五、大型展会

大型展会，如珊瑚订货会、工艺品展会、文博会等成为珊瑚销售的新市场，下面我们具体来看一下表 4-5。

表 4-5　大型展会珊瑚品质优劣表

名称	时代	品种	数量	品质	体积	检测	市场
珊瑚	高古						大型展会
	明清	较多	少见	优／普	小器为主	通常无	
	民国	较多	少见	优／普	小器为主	通常无	
	当代	少	多	优／普	小器为主	有／无	

莫莫红珊瑚花卉雕件

莫莫红珊瑚花卉雕件

阿卡红珊瑚执壶（三维复原色彩图）

　　由表 4-5 可见，从时代上看，大型展会上的珊瑚古代比较少见，以当代为主。从品种上看，大型展会珊瑚品种早期比较多，但当代基本以红珊瑚为主流。从数量上看，红珊瑚琳琅满目，数量较多。从品质上看，大型展会上的珊瑚在品质上可谓是优良者和普通者多见，品质低的珊瑚几乎不见。从体积上看，大型展会上的珊瑚基本上都是以小器为主，这与珊瑚的传统有关。从检测上看，大型展会上的珊瑚多数无检测报告，只有少数有，但只能证明是珊瑚，品质主要还是依靠人工来进行辨别。

莫莫红珊瑚花卉雕件

莫莫红珊瑚筒珠

六、网上淘宝

网上购物近些年来成为时尚，同样网上也可以购买珊瑚。上网搜索会出现许多销售珊瑚的网站，下面我们来通过表4-6具体看一下。

表4-6　网络市场珊瑚品质优劣表

名称	时代	品种	数量	品质	体积	检测	市场
珊瑚	高古	极少	极少	优／普		通常无	网络市场
	明清	较多	少见	优／普／劣	小器为主	通常无	
	民国	较多	少见	优／普／劣	小器为主	通常无	
	当代	少	多	优／普／劣	小器为主	有／无	

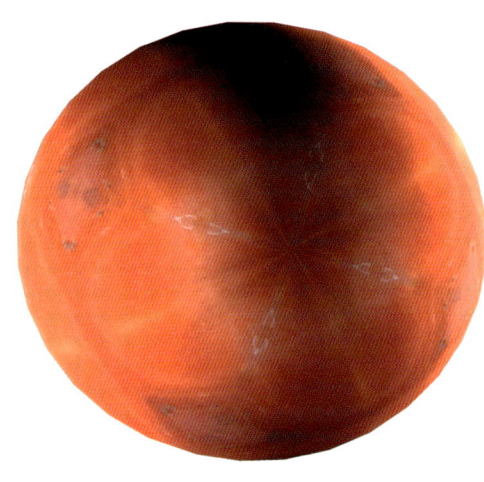

莫莫红珊瑚珠（三维复原色彩图）

由表4-6可见，从时代上看，网上淘宝可以很便捷，各个时代的珊瑚都有见，但真正销售的数量不多见，以当代的为常见。从品种上看，珊瑚的品种极全，几乎囊括所有的珊瑚品类，如白珊瑚、红珊瑚等都有见。从数量上看，各种珊瑚的数量也是应有尽有，只不过相对来讲红珊瑚最多。

莫莫红珊瑚碗（三维复原色彩图）

　　从品质上看，古代珊瑚品质以优良和普通为主；明清、民国时期优良、普通、粗劣者都有见；当代则是以优良为主，普通者多见。这说明当代珊瑚在人们心目中更重了。从体积上看，古代珊瑚绝对是小器；明清时期也是一些小器；当代珊瑚基本上也是以小器为主，大小兼备。从检测上看，网上淘宝而来的珊瑚有一些有检测证书，当然有的没有，我们应对其有精确的判断。

加色仿老珊瑚碗（三维复原色彩图）

莫莫红珊瑚执壶（三维复原色彩图）

七、拍卖行

珊瑚拍卖是拍卖行传统的业务之一，是我们淘宝的好地方，具体我们来看一下表4-7。

表4-7 拍卖行珊瑚品质优劣表

名称	时代	品种	数量	品质	体积	检测	市场
珊瑚	高古	极少	极少	优／普	小	通常无	拍卖行
	明清	较多	少见	优良	小器为主	通常无	
	民国	较多	少见	优良	小器为主	通常无	
	当代	少	多	优／普	小器为主	通常无	

莫莫红珊瑚摆件

莫莫红珊瑚摆件

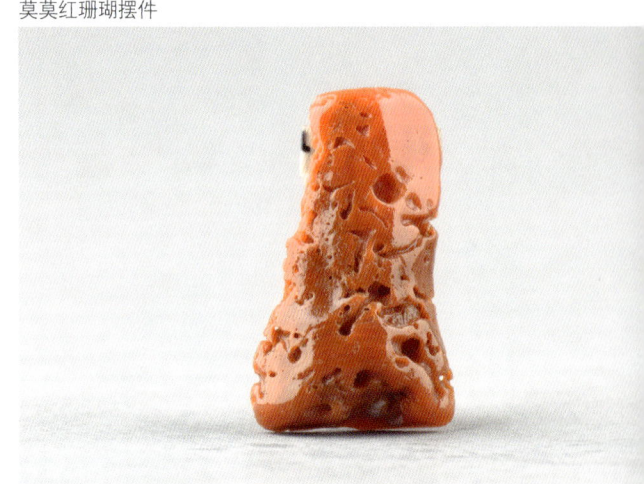

　　由表 4-7 可见，从时代上看，拍卖行拍卖的珊瑚各个历史时期的都有见，但主要以明清和民国及当代珊瑚为主。从品种上看，拍卖市场上的珊瑚在品种上比较齐全，以各种彩色珊瑚为显著特征，以当代珊瑚品种最全。从数量上看，古代珊瑚极少见有拍卖的；明清、民国时期品种较多，但相对于当代还是属于绝对少数。从品质上看，古代珊瑚质地优良与普通者都有见；而明清、民国时期的珊瑚主要是以优良品质为主；当代珊瑚在拍卖场上则是优良和普通者都有见，但以优良者为主。从体积上看，古代珊瑚在拍卖行基本以小器为主；明清、民国基本延续了这一特点，只是偶见大器。当代珊瑚在体积大小上虽然有很大进步，但依然是以小器为主。从检测上看，拍卖场上的珊瑚一般情况没有检测证书，但有时也有见，会卖出更好的价钱。

莫莫红珊瑚花卉雕件

八、典当行

典当行也是购买珊瑚的好去处。典当行的特点是对来货把关比较严格,一般都是死当的珊瑚作品才会被用来销售。具体我们来看下表4-8。

表4-8 拍卖行珊瑚品质优劣表

名称	时代	品种	数量	品质	体积	检测	市场
珊瑚	高古	极少	极少	优/普	小	通常无	拍卖行
	明清	较多	少见	优良	小器为主	通常无	
	民国	较多	少见	优良	小器为主	通常无	
	当代	较多	多	优/普	小器为主	通常无	

由表4-8可见,从时代上看,典当行的珊瑚古代和当代都有见;明清和民国时期的制品虽然不是很多,但是也是时常有见;主要以当代为多见。从品种上看,典当行珊瑚的品种较多,明清时期在品种上已是比较常见,但相对于当代还是稀少的;当代珊瑚品种极为丰富,涉及无色珊瑚、红珊瑚等。从数量上看,古代珊瑚典当行极为少见;明清和民国时期珊瑚有一定的量;只有当代珊瑚在典当行是比较常见。从品质上看,典当行内的珊瑚古代以优质和普通者为

莫莫红珊瑚吊坠

莫莫红珊瑚横截面标本

莫莫红珊瑚执壶（三维复原色彩图）

常见；明清时期基
本上都是优良者；
当代由于数量比较
大，所以在珊瑚品质上
也是参差不齐，优良和普
通者都有见，但过于粗劣者价值
不高，这与当代珊瑚原料整体优良程度
的提高有关。从体积上看，古代珊瑚的体积一般都比较小，很少见
到大器。典当行内的珊瑚在明清时期主要以小器为主，大器偶见。
当代珊瑚原料异常丰富，这为工匠们随心所欲地制作珊瑚提供了条
件，但当代珊瑚也是以小器为主，较少见到大器。从检测上看，典
当行内珊瑚制品无论古代和当代真正有检测证书也不多见，当代的
珊瑚相对多一些。

莫莫红珊瑚碗（三维复原色彩图）

阿卡红珊瑚执壶（三维复原色彩图）

第二节 评价格

一、市场参考价

珊瑚具有很高的保值和升值功能，不过珊瑚器物的价格与时代以及工艺的关系密切。珊瑚虽然在新石器时代就有见，但是普及的时间是在汉晋以后，唐宋以降，直至明清及当代。在整个历史时期的珊瑚当中，以汉唐珊瑚最为珍贵，当然，人们对于明清珊瑚也是趋之若鹜。早期珊瑚由于打捞方法原始，多有残损，但由于数量少，承载着诸多历史信息，具有相当高的文物价值，因此价格通常情况下很高。

莫莫红珊瑚花卉雕件

当代珊瑚以阿卡、莫莫、沙丁为体系，价格基本上也是依次由高到低。但不同品种中的优良料，其价格都是一路所向披靡，青云直上九重天，如沙丁中的牛血红价格也是非常高。但大多数沙丁红珊瑚在价格上总体还不是特别高。由此可见，珊瑚的参考价格也比较复杂。

下面让我们来看一下珊瑚主要的价格。要说明的是，这个价格只是一个参考，因为本书价格是已经抽象过的价格，是研究用的价格，实际上已经隐去了该行业的商业机密。如有雷同，纯属巧合，仅仅是给读者提供一个参考而已。

清 红珊瑚雕瓶：48 万～ 66 万元

清 红珊瑚摆件：26 万～ 39 万元

清 红珊瑚瓶：28 万～ 38 万元

清 珊瑚顶珠：0.6 万～ 0.8 万元

清 珊瑚烟壶：3.6 万～ 5.9 万元

清 珊瑚头饰：2.5 万～ 3.8 万元

清 珊瑚串珠：4.8 万～ 6.8 万元

清 珊瑚坠：0.8 万～ 1.6 万元

清 红珊瑚如意：60 万～ 90 万

民国 红珊瑚发簪：1 万～ 3 万元

民国 红珊瑚雕花瓶：18 万～ 35 万元

民国 红珊瑚 108 颗佛珠：20 万～ 26 万元

民国 红珊瑚摆件：3 万～ 20 万元

民国 珊瑚烟壶：3.2 万～ 5.8 万元

民国 珊瑚串珠：3.2 万～ 5.8 万元

民国 珊瑚坠：0.3 万～ 1.5 万元

民国 红珊瑚如意：10 万～ 20 万

当代 红珊瑚发簪：0.3 万～ 0.6 万元

当代 沙丁 3.5mm 珊瑚手链：0.3 万～ 0.6 万元

当代 沙丁红珊瑚 108 手链：1 万～ 1.8 万元

当代 沙丁红珊瑚手链：0.15 万～ 11 万元

当代 莫莫红珊瑚手链：0.6 万～ 9 万元

当代 阿卡珊瑚手链：2 万～ 30 万元

当代 白枝珊瑚手链：0.3 万～ 0.5 万元

当代 台湾阿卡红珊瑚吊坠：3 万～ 5 万元

当代 台湾阿卡红珊瑚雕件：5 万～ 8 万元

当代 台湾阿卡天然红珊瑚戒：3 万～ 6 万元

当代 阿卡红珊瑚戒：8 万～ 20 万元

当代 莫莫红珊瑚戒：2 万～ 3 万元

当代 沙丁红珊瑚戒：1 万～ 2 万元

当代 沙丁红珊瑚念珠：0.4 万～ 0.8 万元

当代 阿卡红珊瑚珠：220 万～ 330 万元

当代 莫莫红珊瑚珠：3 万～ 5 万元

当代 沙丁红珊瑚珠：2 万～ 3 万元

莫莫红珊瑚执壶（三维复原色彩图）　　　莫莫红珊瑚执壶（三维复原色彩图）

二、砍价技巧

砍价是一种技巧，但并不是根本性的商业活动，它的目的就是与对方讨价还价，找到对自己最有利的因素。但从根本上讲，砍价只是一种技巧，理论上只能将虚高的价格谈下来，但当接近成本时显然是无法继续砍价的。所以忽略珊瑚的时代及工艺水平来砍价，结果可能不会太理想。

通常，珊瑚的砍价主要有这几个方面：一是品相，珊瑚在经历了岁月长河之后大多数已经残缺不全，古代珊瑚更讲究这一点，因为当时打捞水平有限，多数珊瑚有磕碰缺损。当代珊瑚由于打捞条件的改善基本没有出海缺陷，但会有原生性的缺陷，或者是其他环境下的缺陷。如果能够找到这些缺陷，必将成为砍价的利器。二是品类，众所周知，珊瑚可以分为阿卡、莫莫和沙丁三个等级，所以正确的分级对于价格的影响很重要。但在现实中，常常看到分级混乱的情

莫莫红珊瑚碗（三维复原色彩图）

莫莫红珊瑚执壶（三维复原色彩图）

况，而及时地指出这些品类上的错误，自然是轮锤砸价的最好切入点。三是品质，珊瑚的品质对于珊瑚价格起着决定性的作用。高品级的珊瑚色、形俱佳，非常难得，具有很高的价值。但是，普通的珊瑚很多，价格自然也不高。而正确认识品级评价上的错位，显然也是我们砍价的利器。四是精致程度，一件珊瑚制品的精致程度牵扯面极为广泛，不仅仅是色形、而且涉及雕工等诸多方面。

通常情况下，珊瑚的精致程度可以分为精致、普通、粗糙三个等级，那么其价格自然也是根据等级的不同而参差不同。所以，将自己要购买的珊瑚纳入相应的等级，这是砍价的基础。总之，珊瑚的砍价技巧涉及时代、形状、重量、大小、色彩、净度、光泽、完残等诸多方面。从中找出缺陷，必将成为砍价利器。

莫莫红珊瑚粉色南瓜雕件

925 银莫莫红珊瑚加色雕花耳钉

莫莫红珊瑚筒珠

莫莫红珊瑚筒珠

第三节 懂保养

一、清洗

　　清洗是收藏到珊瑚之后很多人要进行的一项工作，目的就是要把珊瑚表面及其断裂面的灰土和污垢清除干净。但在清洗的过程当中首先要保护珊瑚不受到伤害。一般不采用直接放入水中来进行清洗的方法，因为自来水中的多种有害物质会使珊瑚表面受到伤害，通常是用纯净水清洗珊瑚，待到土蚀完全溶解后，再用棉球将其擦拭干净。遇到未除干净的铜锈，可以用牛角刀进行试探性的剔除，如果还未洗净，请送交专业修复机构进行处理，千万不要强行剔除，以免划伤珊瑚。应坚持每天清洗，以防止珊瑚变色。

莫莫红珊瑚执壶（三维复原色彩图）

二、修 复

古代珊瑚历经沧桑风雨，大多数需要修复，修复主要包括拼接和配补两部分。拼接就是用黏合剂把破碎的珊瑚片重新黏合起来。拼接工作十分复杂，有时想把它们重新黏合起来也十分困难。一般情况下主要是根据共同点进行组合。如根据碎片的形状、纹饰等特点，逐块进行拼对，最好再进行调整。配补只有在特别需要的情况下才进行。一般情况下拼接完成就已经完成了考古修复，只有商业修复才将珊瑚配补到原来的形状。

三、防止暴晒

珊瑚不论是古代的还是当代的都要防止暴晒，不然聚热会使得珊瑚褪色变白，失去水分，失去光泽；同时也不要将珊瑚放置在炉边烘烤，不然也会引起变色。

四、防止磕碰

在保养中最大的问题就是防止磕碰。珊瑚硬度低，非常容易受到伤害，如磕碰、划伤等。应单独存放，以避免划伤，独立包装，防止磕碰。其次就是在把玩和欣赏时要轻拿轻放，一般情况下要在桌子上铺上软垫，防止珊瑚不慎滑落。

五、化学反应

珊瑚的佩戴要防止化学反应，如香水、酒精、醋等都不应与珊瑚接触，以免起化学反应，应以预防性的保护为主。另外，就是要使珊瑚不受到来自于空气、保存环境、把玩、包装运输等各个环节的污染，使各个环境中的污染物含量达到标准。

莫莫红珊瑚寿星

莫莫红珊瑚随形珠

莫莫红珊瑚摆件

莫莫红珊瑚粉色南瓜形珠

莫莫红珊瑚粉色南瓜雕件

六、相对温度

珊瑚的保养室内温度也很重要，特别是对于经过修复的珊瑚，温度尤为重要。因为一般情况下黏合剂都有其温度的最高临界点，如果超出就很容易出现黏合不紧密的现象。一般库房温度应保持在 20 ～ 25℃，这个温度较为适宜，我们在保存时注意就可以了。

七、相对湿度

珊瑚的保存在相对湿度上一般应保持在 50% 左右，如果相对湿度过大，珊瑚容易出问题，同时也不易过于干燥。保管时还应注意根据珊瑚的具体情况来适度调整相对湿度。

莫莫红珊瑚碗（三维复原色彩图）

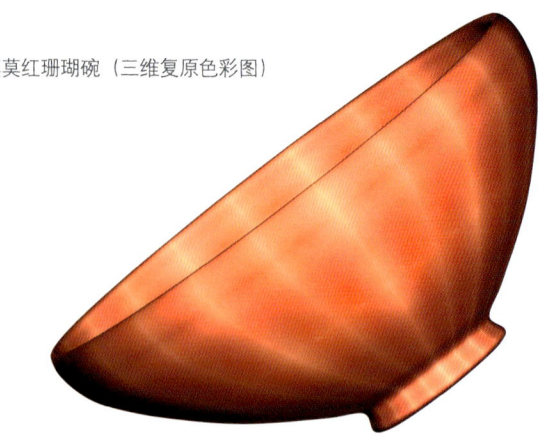

莫莫红珊瑚碗（三维复原色彩图）

第四节　市场趋势

一、价值判断

　　价值判断就是评价值。我们所做的很多工作，就是要做到能够评判价值。在评判价值的过程中，也许一件珊瑚有很多的价值，但一般来讲我们要能够判断珊瑚的三大价值，即古珊瑚的研究价值、艺术价值、经济价值。当然，这三大价值是建立在诸多鉴定要点的基础之上的。

　　研究价值主要是指在科研上的价值。如珊瑚在新石器时代就有见，但真正的普及很晚，是在汉唐时期，宋元以降，直至当代，珊瑚都是非常的流行。我们知道珊瑚是生长在深海，而在上古时期，人们就可以将珊瑚打捞并加以应用，其中所蕴含的历史信息丰富。珊瑚在古时多是帝王将相、王公贵胄所使用，因此对于研究中国古代上层社会具有极其重要的价值，可以帮助我们复原古代人们生活的点点滴滴，具有很高的历史研究价值等。珊瑚对于历史学、考古学、人类学、博物馆学、民族学、文物学等诸多领域都有着重要的研究价值。

莫莫红珊瑚粉色南瓜雕件

    珊瑚的艺术价值很高，如珊瑚在造型艺术、纹饰艺术、色彩艺术、雕刻艺术等各个方面都有突出的表现，都是同时代艺术水平和思想观念的体现。特别是精品珊瑚更是具有较高的艺术价值，而我们收藏的目的之一就是要挖掘这些艺术价值。

    珊瑚还具有很高的经济价值，且其研究价值、艺术价值、经济价值互为支撑，相辅相成，呈现出的是正比的关系。研究价值和艺术价值越高，经济价值就会越高，反之经济价值则逐渐降低。

莫莫红珊瑚标本

莫莫红珊瑚雕件

莫莫红珊瑚执壶（三维复原色彩图）

二、保值与升值

珊瑚在中国有着悠久的历史，在新石器时代就已经发现，但真正应用和为人们所熟知是很晚的事情，汉唐时期依然是很少，明清时期，宫廷才建立起了专门的珊瑚库。直至当代，随着打捞技术的提高，珊瑚才逐渐走入寻常百姓家。

从收藏的历史来看，珊瑚是一种盛世的收藏品。在战争和动荡的年代，人们对于珊瑚的追求夙愿会降低，而盛世，人们对珊瑚的情结通常水涨船高，珊瑚会受到人们追捧，趋之若鹜。特别是名品珊瑚，如阿卡中的极品、莫莫中的极品、沙丁中的牛血红等。近些年来股市低迷、楼市不稳有所加剧，越来越多的人把目光投向了收藏市场。在这种背景之下，珊瑚与资本结缘，成为资本追逐的对象，高品质珊瑚的价格扶摇直上，升值数十上百倍，而且这一趋势依然在迅猛发展。

阿卡红珊瑚枝

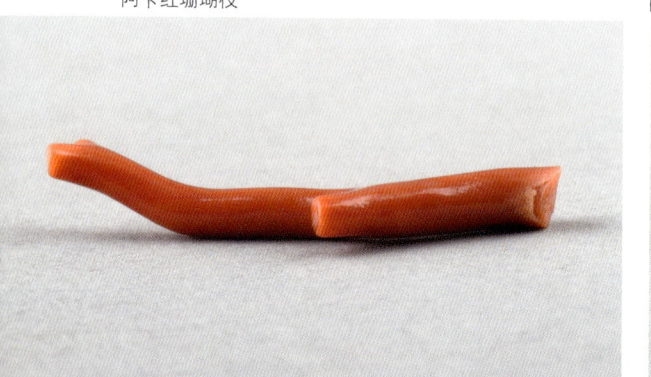

阿卡红珊瑚枝

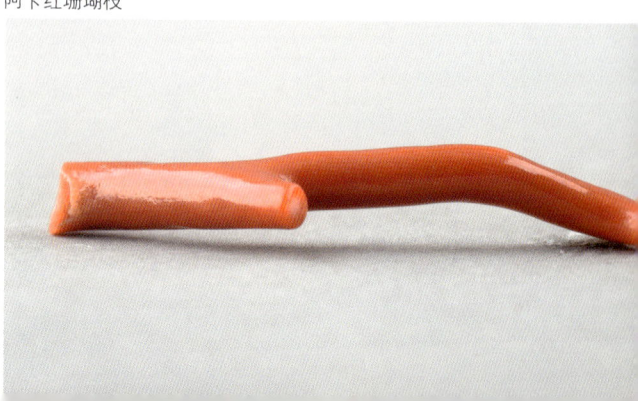

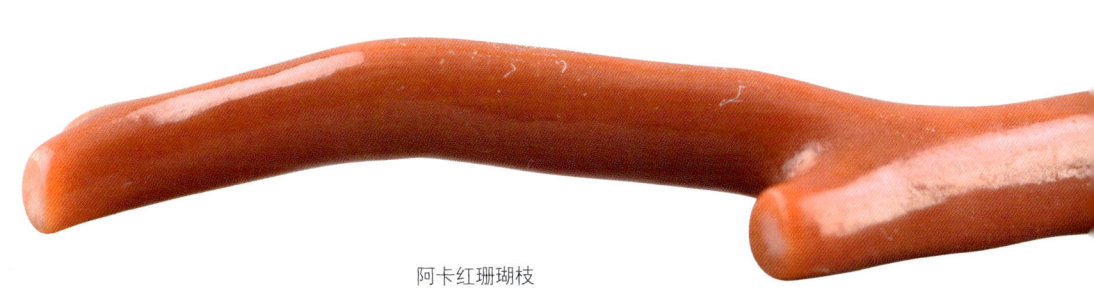

阿卡红珊瑚枝

从品质上看，珊瑚对品质的追求是永恒的，珊瑚的精品力作契合着人们的各种美好夙愿，具有很强的保值和升值功能。从数量上看，珊瑚对于当代而言犹如不可再生。因为珊瑚的生长期特别慢，需要三四百年才能长一公斤左右。产量很少，形、色、质、工俱佳者更是少见，从而造成了"物以稀为贵"的局面，具有很强的保值、升值的功能。

925 银链莫莫红珊瑚葫芦吊坠

莫莫红珊瑚摆件

莫莫红珊瑚仿生动物雕件

　　总之，珊瑚的消费特别大，而生长极慢，人们对珊瑚趋之若鹜，珊瑚不断爆出天价，被各个国家收藏者所收藏，且又不可再生，所以"物以稀为贵"的局面也更加明显，珊瑚保值、升值的功能势必会进一步增强。

阿卡红珊瑚执壶（三维复原色彩图）

参考文献

[1] 新疆维吾尔自治区博物馆. 新疆民丰县北大沙漠中古遗址墓葬区东汉合葬墓清理简报 [J]. 文物 , 1960(6).

[2] 吴勇 . 新疆尼雅遗址出土的珊瑚及相关问题 [J]. 西域研究 , 1988(4):48.

[3] 新疆文物考古研究所 . 新疆尉犁县营盘墓地 1999 年发掘简报 [J]. 考古 , 2002(6).

[4] 南京市博物馆 . 江苏南京市明黔国公沐昌祚、沐睿墓 [J]. 考古 , 1999(10).

[5] 新疆楼兰考古队 . 楼兰古城址调查与试掘简报 [J]. 文物 , 1988(7):17.

[6] 王进先 , 陈宝国 . 山西潞城县北关宋代砖雕墓 [J]. 考古 , 1999(5).